U0571749

中职生安全小百科

主 编 沈耀星

副主编 刘继明

参 编 徐勇明 练海明

          潘俊飞 吴丽芳

          吴金木 仇云霞

          李夕兰 杜建成

          郑 伟 王顶言

北京理工大学出版社
BEIJING INSTITUTE OF TECHNOLOGY PRESS

图书在版编目（CIP）数据

中职生安全小百科 / 沈耀星主编. -- 北京：北京
理工大学出版社，2021.7
ISBN 978-7-5682-9929-9

Ⅰ.①中… Ⅱ.①沈… Ⅲ.①安全教育－中等专业学
校－教材 Ⅳ.①G634.201

中国版本图书馆CIP数据核字（2021）第116121号

出版发行 / 北京理工大学出版社有限责任公司
社　　　址 / 北京市海淀区中关村南大街5号
邮　　　编 / 100081
电　　　话 / （010）68914775（总编室）
　　　　　　（010）82562903（教材售后服务热线）
　　　　　　（010）68944723（其他图书服务热线）
网　　　址 / http://www.bitpress.com.cn
经　　　销 / 全国各地新华书店
印　　　刷 / 定州市新华印刷有限公司
开　　　本 / 889毫米×1194毫米　1/16
印　　　张 / 10.5
字　　　数 / 171千字
版　　　次 / 2021年7月第1版　2021年7月第1次印刷
定　　　价 / 35.00元

责任编辑 / 梁铜华
文案编辑 / 杜　枝
责任校对 / 刘亚男
责任印制 / 边心超

放松警惕是危及生命的前兆，麻痹大意是酝酿事故的温床。

安全是最大的效益，违规是最危险的犯罪。

本书是一本立足中职生安全教育和安全知识普及的基础性教材，由多年从事一线学生管理和安全教育工作的教师倾力编著而成。编者从中职生日常学习生活中常见的安全问题着手，以案例为引导，以学生常遇到的安全疑惑为要点，采用一问一答的方式编写。本书围绕日常安全、网络安全、身心健康、突发事件应对、自然灾害应对、法律法规六个方面系统地阐述了中职生安全问题，旨在提升学生的安全意识和自我保护意识，帮助学生正确认识安全的重要性，掌握必需的安全知识点，进行正确的自我管理、自我教育、自我防护；指导学生规避安全隐患和正确处理安全事故，确保学生平安健康地学习生活，为学校平安校园的建设和学生个人今后事业发展打下坚实的安全基础。

本书根据中职生的特点，重点解决其安全意识不强、安全知识缺乏、自我防护意识淡薄、自我教育和管理不到位等问题。安全事故的防范关键在于学生自我认识的提升，许多安全问题都是由于麻痹大意和存在侥幸心理造成的。在本书中，编者站在学生的角度，用通俗易懂的语言对有关安全问题进行了精心的设计和解答，并配以精美的插图说明，贴近学生，贴近生活，案例丰富，道理深入浅出，文字生动活泼且图文并茂。本书更易于学生阅读和理解，克服了传统的灌输式教学，避免了说教式的教学，是一本内容精练、寓教于乐的安全百科知识读本。

本书适合中职生进行安全教育和培养其核心素养时使用，既可作为职业学校安全教育教材，也可作为中职生和广大社会青年的课外安全读物。

本书由金华市技师学院沈耀星担任主编，丽水市职业高级中学刘继明担任副主编，编写分工如下：第一章由丽水市职业高级中学刘继明、徐勇明、练海明、潘俊飞、吴丽芳编写；第二章由金华市技师学院吴金木编写；第三章由金华市技师学院仇云霞、吴金木和永康市职业技术学校李夕兰编写；第四章由金华市技师学院杜建成、郑伟、王顶言编写；第五章由金华市技师学院郑伟编写；第六章由金华市技师学院沈耀星、郑伟编写。第一章至第三章由刘继明负责审稿，第四章至第六章由沈耀星负责审稿。

本书在编写过程中得到了当地公安、司法部门及有关律师的大力支持，同时，本书的编写还参考了许多专家学者的文献资料，在此一并致谢。

由于时间仓促和水平有限，书中难免存在不足之处，恳请广大读者批评指正。

编　者

Contents
目录

第四章　突发事件应对

第五章　自然灾害应对

第六章　法律法规

日常安全 第一章

第一节 交通事故的预防办法及措施

案例回放

◎案例一：横穿马路酿成车祸

2019 年 5 月的某天下午，重庆市江北区一位老人去接学前班 6 岁的孙子杨某放学回家。在回家的路上，这位小朋友听到了马路对面妈妈的召唤，于是挣脱了老人的手，向马路对面飞奔而去。这时候，危险发生了，一辆在马路上飞驰的吉普车没来得及减速，撞向了这个幼小的身体，杨某当场死亡。

◎案例二：不当骑行失去生命

2019 年 3 月的一个下午，11 岁的小男孩何某和表哥刘某两人同骑一辆自行车出行。当时，何某骑车带着刘某，在一个下坡路上玩耍。这时，身后有一辆大货车向他们驶来并鸣笛。两人惊慌失措，何某操控自行车把手时左右摇摆。当大货车从他们身边驶过的时候，搭载两人的自行车因为失去平衡，向着大货车倾斜倒去。最后，自行车被压在大货车的车轮下，两人也因为这场车祸失去了年轻的生命。

知识百科

一、常见的交通事故预防措施

1. 步行时

（1）集体外出时，最好有组织、有秩序地列队行走；结伴外出时，不要相互追逐、打闹、嬉戏；单独行走时要专心，注意周围情况，不要边走边看书报或做其他事情。

（2）在没有交通民警指挥的路段，要学会避让机动车辆，不要与机动车辆争道抢行。

（3）在雾、雨、雪天，最好穿着色彩鲜艳的衣服，以便于机动车驾驶员尽早发现目标，提前采取安全措施。

2．横穿马路时

（1）穿越马路，要听从交通民警的指挥；要遵守交通规则，做到"绿灯行，红灯停"。

（2）穿越马路，要走人行横道线或过街天桥（图1-1），要走直线，不可迂回穿行；在没有人行横道的路段，应先看左边，再看右边，在确认没有机动车通过时才可以穿越马路。

（3）不要翻越道路中央的安全护栏和隔离墩。

（4）不要突然横穿马路，特别是马路对面有熟人、朋友呼唤，或者自己要乘坐的公共汽车已经进站，千万不能贸然行事，以免发生意外。

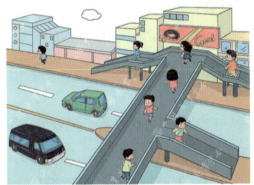

图1-1　过马路要走人行横道线或过街天桥

3．骑自行车时（也适用助力车、电动车）

（1）要经常检修自行车，保持车况完好。要检查车闸、车铃是否灵敏、正常，这个尤其重要。

（2）自行车的车型大小要合适，不要骑儿童玩具车上街，也不要骑大型自行车。

（3）不要在马路上学骑自行车；未满12岁的儿童，不要骑自行车上街。

（4）骑自行车要在非机动车道上靠右边行驶，不逆行；转弯时不抢行猛拐，要提前减慢速度，看清四周情况，以明确的手势示意后再转弯。

（5）经过交叉路口，要减速慢行，注意来往的行人、车辆；不闯红灯，遇到红灯要停车等候，待绿灯亮了再继续前行。

（6）骑车时不要放开双手，不多人并骑、互相攀扶，不互相追逐、打闹。

（7）骑车时不攀扶机动车辆，不载过重的东西，不骑车带人，不在骑车时戴耳机听音乐。

（8）要学习并掌握基本的交通规则知识。

4. 乘坐公共交通工具时

（1）乘坐公共汽车、地铁时，要排队候车，按先后顺序上车，不要拥挤。上、下车均应等车停稳以后，先下后上，不要争抢。

（2）不要把汽油、爆竹等易燃易爆的危险品带入公共交通内。

（3）乘车时不要把头、手、胳膊伸出车窗外，以免被对面来车或路边树木等刮伤；也不要向车窗外乱扔杂物（图1-2），以免伤及他人。

图1-2 乘车时不要乱扔杂物

（4）乘车时要坐稳扶好，没有座位时，要双脚自然分开，侧向站立，手应握紧扶手，以免车辆紧急刹车时摔倒受伤。

（5）乘坐小轿车、微型客车，在前排乘坐时应系好安全带，不能乘坐无牌照或可疑车辆。

（6）尽量避免乘坐卡车、拖拉机；必须乘坐时，千万不要站立在后车厢里或坐在车厢板上。

（7）不要在机动车道上招呼出租汽车或网约车，应该站在路边安全停车区域等待。

二、常见交通标志

常见交通安全标记如图1-3所示。

图1-3 常见交通安全标记

问题解析

1. 人行道上可以骑自行车、电瓶车或者摩托车吗？

人行道不能非法占用，禁止机动车行驶。但是推着的自行车可以在人行道上行走，残疾人的轮椅可以在人行道上通行。

2. 当交通信号灯故障，该怎么办？

首先不管是骑车还是步行，都应该减速观察路况。如果有交警在指挥交通，则按照指示通行；如果没有交警，则先让行人通行，车辆再减速通行。

3．电瓶车应该在什么车道行驶？

电瓶车属于非机动车，所以应该在非机动车道行驶。

4．满多少岁可以骑电瓶车上路呢？

只有满 16 周岁才可以骑电瓶车，记得必须佩戴头盔哦！

5．骑自行车、电瓶车可以带人吗？

骑自行车、电瓶车限制带一名 12 周岁以下的未成年人。搭载学龄前的儿童时，应当使用固定座椅，并且车上所有人都要佩戴安全头盔。

6．在没有人行横道的路上怎么走更安全？

如果没有人行横道，行人要靠右边的一侧路边行走，走路过程中要关注来往车辆，不要低头玩手机。

7．乘坐公交车需要注意哪些安全问题？

乘坐公交车需要注意以下几点：不要拥挤推搡；不要将身体任何部位伸出窗外；不要与驾驶员闲聊；不要在车上饮食。

8．用网约车平台打车的时候，接单的车辆、车牌和软件上显示的不一样怎么办？

如果遇到这种情况，应该取消订单，并且把情况反馈给网约车平台，让平台处理。

9．高中生可以骑摩托车上下学吗？

未满 18 周岁的人禁止骑摩托车，已经满 18 周岁的，需要经公安交通管理部门考试合格，领取机动车驾驶证后，才可以骑摩托车。

10. 我朋友的电瓶车在路上坏了，我可以用我的电瓶车牵引吗？

两人不能共骑一辆电瓶车（图1-4），再牵引一辆车。坏了的电瓶车要在规定的非机动车道上推行，或者打电话找维修人员将车推走。

图1-4　两人不能共骑一辆电瓶车

11. 我和我的朋友可以并行骑车并交谈吗？

两人不可以并行骑车，这样容易发生危险。骑车时不要和同伴交谈，也不要戴着耳机听音乐，因为出现危险时来不及反应。

12. 雨雪天气骑车需要注意什么？

在比较恶劣的天气，如雷雨、台风、下雪或者积雪未化、路面结冰等情况下，都不要骑车。下雨时骑车不要一手撑着伞，另一手扶着车把。

第二节 饮食、卫生安全

案例回放

◎案例：食物中毒

　　最近，某中职学校连续发生了两起学生食物中毒的事件。在市卫生监督局工作的邵军对这两起食物中毒事件高度重视，专门到学校向当事学生了解情况。

　　赵鹏和刘健首先向邵叔叔反映了情况。他们食物中毒的原因是吃了校园外胖大婶家制作的烧烤。吃烧烤的时候，他们觉得里脊肉有些酸味，但是并没有在意，到了晚上，两个人上吐下泻。"那家烧烤摊有冷藏食物的冰柜吗？"邵军向他们询问道。刘健说："没有。那家烧烤摊地方小，生肉串与烤好的肉串都堆放在一起。"生肉和熟食不分开放很容易导致食物污染，吃了这些食物的人可能发生细菌性食物中毒，邵军早就意料到了。

　　接着，钱丽和朱珠向邵叔叔反映她们的情况。钱丽是个性格豪迈的女生，在校门口买了草莓没洗就直接吃。她一日三餐都是在学校吃的，因此她断定自己食物中毒肯定是因为草莓的农药残留量超标了。邵军向她解释，她这是属于化学性食物中毒，并表扬了朱珠同学及时将钱丽送往医务室的行为。

　　最后，邵军向同学们普及了一些关于饮食安全方面的知识。通过这次谈话，同学们也了解了不少关于食物中毒的知识。

知识百科

一、食物中毒预防要点

　　（1）不购买"三无"食品，选择有规模、信誉好、食品质量把关较严的商店、超市购买食品。

（2）购买食品时，要特别注意食品是否标明生产日期和保质期，不购买过期食品。

（3）不在没有餐饮服务许可证和健康证的摊位进食。

（4）不吃腐败变质或被苍蝇叮过的食物。

（5）饭前、便后一定要用流水和肥皂（或洗手液等）洗手。

（6）生吃瓜果、蔬菜要洗净，带皮的水果应尽量削皮吃。

（7）不要将生肉与其他食物混在一起，应将放置过生肉的盘子等器具清洗干净后再使用。

（8）一日三餐要合理，不挑食、不偏食、不暴饮暴食。

（9）不喝生水，白开水是最好的饮料。

二、常见食品标志

常见食品标志如图 1-5 所示。

图 1-5 常见食品标志

三、预防呼吸道传染病的个人防护措施

（1）做好个人防护。勤洗手，外出回来、饭前便后、咳嗽喷嚏后用肥皂或洗手液并用流动水洗手；科学佩戴口罩，在公众场所尽量不要用手触摸眼睛、嘴巴和鼻子。

（2）注意食品安全。食品在加工之前一定要认真清洗，清洗过程中要防止水花飞溅；食品一定要烧熟煮透，一般家里的烹调温度即可杀灭病毒；一定要生熟分开，避免交叉污染；在烹调加工结束以后，对台面、容器、厨具等进行清洗和消毒。

（3）外出购物注意安全。出入农贸市场、批发市场、超市等地要全程佩戴口罩（图1-6）。尽量避开人流高峰，缩短停留时间，减少接触生鱼生肉等食品原料，回家后及时清洗双手。

图1-6　正确佩戴口罩

（4）不聚集不扎堆。合理安排出行，减少不必要的聚会活动。

（5）发热及时就医。避免与有感冒或类似流感症状的人密切接触；一旦出现发热、干咳、乏力等异常症状，及时到就近的发热门诊就诊，就医途中全程佩戴口罩，尽量避免乘坐公共交通工具。

一、饮食安全

1. 什么是"三无"食品？

"三无"食品是指无厂、无商品名称、无生产日期的食品。不要食用"三无"食品（图1-7）。

2. 食品包装上的"QS"标志是什么意思？

"QS"是指生产许可标志（图1-8）。国家规定米、面、油在内的加工食品以及乳制品、罐头和调味品等必须有"QS"标志才能出厂销售，这表明生产该产品的企业具有生产许可资质。

图1-7　不要食用"三无"食品　　　　　　图1-8　生产许可标志

3．购买包装食品时应注意什么？

购买包装食品时，应注意食品标签上的信息是否齐全，如有无配料表、生产者、生产日期和保质期、储存条件、营养成分表等。

4．常见食物中毒的种类有哪些？

常见食物中毒的种类有：①细菌性食物中毒；②真菌性食物中毒；③动物性食物中毒；④植物性食物中毒；⑤化学性食物中毒。

5．食物中毒的特征有哪些？

（1）潜伏期较短，一般为几分钟到几小时。

（2）多以急性胃肠道症状为主，如腹痛、腹泻、呕吐等。

（3）共食的人有类似的病症和体征。

6．如果发生食物中毒该怎么办？

发生食物中毒后，应迅速将病人送往医院或拨打120求救。在医生救护前，可对病人实施如催吐、导泻等简单救助。

催吐：用干净的手指放到喉咙深处轻轻划动催吐，或用筷子、汤匙等下压舌根进行催吐。

导泻：如果食用时间已超过 2 小时，且中毒者精神较好，可服用少许泻药促使导致人中毒的食物排出体外。

7. 吃哪些食物会引起食物中毒？

不明野生蘑菇，没煮熟的四季豆、豆浆，发了芽的土豆（图 1-9）都可能引起中毒。

图 1-9　引起食物中毒的食物

8. 如何去除果蔬上的农药残留？

用水冲洗、浸泡即可。水果、蔬菜等农产品使用的农药都是低毒、中毒的水溶性农药，即这些农药都能溶于水。因此，只要将水果、蔬菜等农产品用水浸泡、冲洗就能有效去除它们的农药残留。

9. 运动后可以马上吃饭吗？

运动后，可以先喝一些运动饮料来补充水分、糖分等。至于需要消化的米饭、馒头、菜、肉类等，最好休息一会儿再吃。

二、卫生安全

1. 七步洗手法分为哪七步？

七步洗手法（图 1-10）可简记为内、外、夹、弓、大、立、腕。

（1）内，掌心对掌心，手指并拢相互揉搓，至少揉搓 5 遍，时间不少于 10 秒。

（2）外，手指交叉、掌心对手背揉搓，然后双手交替，至少揉搓 5 遍，时间不少于 10 秒。

（3）夹，手指交叉，掌心对掌心揉搓，至少揉搓 5 遍，时间不少于 10 秒。

（4）弓，双手互握，相互揉搓指背，双手交替，至少揉搓 5 遍，时间不少于 10 秒。

（5）大，拇指在掌中转动揉搓，然后双手交替，至少揉搓 5 遍。

（6）立，指尖并拢，在另一掌心揉搓，然后双手交替，至少揉搓 5 遍。

（7）腕，旋转揉搓清洗腕部，至少揉搓 5 遍。

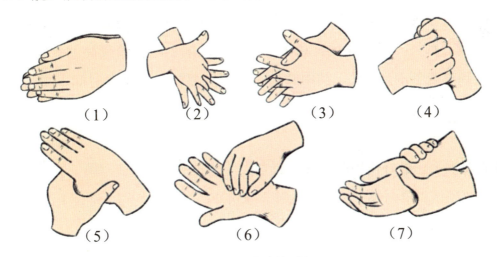

（1）　　　　（2）　　　　（3）　　　　（4）

（5）　　　　（6）　　　　（7）

图 1-10　七步洗手法

2. 如何注意用眼卫生？

要注意用眼卫生（图 1-11），劳逸结合，看书、看屏幕的时间不宜过长，每隔 1 小时休息 10 ~ 15 分钟，休息时可看窗外的绿树或远景，或做眼保健操；要保证睡眠充足，尽量在晚上 11 点前睡觉；养成敷眼的习惯，热敷能改善血液循环，缓解视疲劳；增加户外活动；增加眨眼次数，眨眼可以使泪液均匀涂在眼

图 1-11　注意用眼卫生

表，维持眼睛润泽。

3．如何对待痤疮？

痤疮是十分常见的毛囊皮脂腺的慢性炎症性皮肤病。长了痤疮并不可怕，要正确地认识它，并树立治愈的信心。痤疮主要是由于皮脂腺在雄激素的调节下过度分泌皮脂，导致皮脂外流不畅。可以通过控制饮食，比如忌食油腻、辛辣或过甜的食物，保证清淡的均衡饮食；调节生活作息，早睡早起，适当锻炼身体；使用合适的外用药物对痤疮进行治疗。

4．如何保护口腔健康？

提倡使用牙线清洁牙间隙，使用清水和漱口液保持口腔清洁；多吃纤维性食物，如蔬菜、水果、粗粮等，有利于牙齿自洁；减少吃含糖量高的食物的次数；每天应做到早晚各刷牙1次，其中睡前刷牙更重要，每次刷牙时间不少于2分钟。

5．如何正确佩戴口罩？

首先要洗手，最好使用肥皂或消毒剂。
其次要确认口罩内外，鼻梁片外露部分朝外，有金属条的一端朝上。
再次要将鼻、口、下巴罩好。
最后鼻梁片要紧贴鼻梁。

第三节　运动损伤

青少年正处于生长发育阶段，热爱运动，喜欢参与各项体育活动，但常常因缺乏一定的运动训练卫生知识和出现运动损伤后的应急措施，而使身体受伤，造成痛苦，严重的甚至导致终身遗憾。

案例回放

◎案例一：崴脚常发生，危害莫小觑

小张是一位体育运动爱好者，一年前右踝关节扭伤，而后在运动中总崴脚。

小张：我的脚踝经常扭伤，这是怎么回事呀？

黄医生：你第一次扭伤后是怎么处理的？当时有好好休息、不再走路吗？

小张：当时没怎么处理，休息两天后有一点消肿了，就正常走路上课了，但现在走路时，总觉得踝关节不舒服，而且更麻烦的是，我现在稍一不小心就会崴脚。最近去做了核磁共振检查，报告单上写着"韧带损伤"。

黄医生：你第一次受伤的时候，没有进行规范治疗，并且太早负重行走，原来的伤现在已经发展为慢性损伤。这是反复发生踝关节扭伤导致关节结构不稳定，正常踝部运动能力以及本体平衡协调感觉丧失，进而出现反复受伤、长期关节不稳定、早期退行性骨改变与慢性疼痛等临床表现，在医学上称为习惯性扭伤。在运动损伤后一定要好好休息、规范治疗。

◎案例二：忍耐疼痛，小伤拖成大伤

正读高中的小凯在体育课上和朋友们一起打篮球，一不小心肩膀撞到篮球架的杆子上。当时小凯感觉撞到的地方隐隐作痛，但为了正在萌芽的男子汉气概，小凯决定忍下疼痛，可这一隐瞒差点出了大事。三周后，小凯发现受伤的地方竟然长了个包，匆忙赶往医院。医生告诉小凯，当时撞到杆子上已经造成他的锁骨骨折，因为没有得到治疗，骨头已畸形愈合，错位的骨头长了出来形成鼓包。

知识百科

1. 我特别喜欢跑步和打篮球，可是很怕受伤。万一受伤了怎么办呢？

不用怕，只要做好运动热身准备（图1-12）以及加强运动防护意识，是可以减少受伤的概率并保护好自己的。如果受伤了，一定要做好应急措施和康复治疗。

图 1-12　运动热身准备

2. 如果跑步时不小心摔倒擦破了皮该怎么处理呢？

如果擦伤部位较浅，只需涂红药水；如果擦伤创面较大、较脏或有渗血，应先用生理盐水清创后再涂上红药水或紫药水，最后用无菌纱布包扎。

3. 我喜欢打篮球，可是手指老是吃"萝卜干"（戳伤）肿起来，还很容易"崴脚"，受伤后用活血药膏贴一贴。

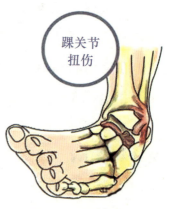

踝关节扭伤

这是手指挫伤和踝关节扭伤（图 1-13）。一旦受伤要终止练习，轻度损伤不需特殊处理，先进行冷敷处理，这样可以减少肿胀的程度，稍严重者冷敷后加压包扎，抬高伤肢，24 小时后再用活血化瘀叮剂，局部可用伤湿止痛膏贴上，用热敷、按摩等方法治疗。急性损伤处理原则如图 1-14 所示。

图 1-13　踝关节扭伤

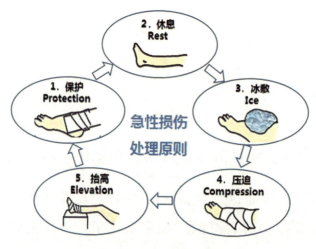

图 1-14　急性损伤处理原则

4．如果跑步大腿拉伤了，该怎么办？

肌肉拉伤是指肌纤维撕裂而致的损伤。主要由运动过度或热身不足造成，可根据疼痛程度判断受伤的轻重，一旦出现痛感应立即停止运动，并在痛点敷上冰块或冷毛巾，保持 30 分钟，以使小血管收缩，减少局部充血、水肿。切忌搓揉和热敷。包扎 24 小时后可配合按摩、微动、康复或恢复性锻炼，这样才能减少损伤程度，避免受伤加重。

5．挫伤、扭伤和拉伤能用正红花油和贴活血药膏吗？

挫伤、扭伤和拉伤 24 小时内为急性期，护理方法为停止运动、冷敷、包扎、抬高受伤部位。24 小时后为恢复期，应配合按摩、微动、热敷（图 1-15）、康复或恢复性锻炼。

图 1-15　挫伤、扭伤后 24 小时才可热敷

6．如果没有做好热身运动，容易抽筋，抽筋后应该怎样处理？

抽筋时向相反的方向牵引痉挛的肌肉（图 1-16），通常可以使抽筋缓解，但严重时，需要麻醉才能缓解，抽筋时一定要注意保暖。

图 1-16　抽筋时向相反的方向牵引痉挛的肌肉

7．我有时候跑步，跑一下就会腹痛，该怎么办？

跑步运动会腹痛，如果排除肝脾淤血和慢性腹部疾病，呼吸肌痉挛（准备

活动不够，肺透气低，运动与呼吸不协调）、胃肠痉挛（运动前吃得过饱、饭后过早运动，空腹或喝水太多）都有可能引起运动性腹痛。

若出现腹痛则减慢运动速度、加深呼吸、调整运动呼吸节奏、手按疼痛部位，实在不行停止运动；要注意在运动前做好预防，在运动前进行健康检查，合理安排饮食，在吃饭前后 1 小时运动，空腹、喝水太多时不运动。

8. 运动后要喝多少水？运动后可以喝冰饮料吗？

剧烈运动时和运动后不可大量饮水，剧烈运动时，饮水过多会破坏体内水盐代谢平衡，影响人体正常生理功能，而大量饮水会使胃部膨胀充盈，妨碍膈肌活动，影响呼吸；会使血液的循环流量增加，加重心脏负担，不仅不利于运动，还会伤害心脏。同时，如果马上喝冰的饮料会刺激胃肠道血管的收缩，引起胃、肠道空腔脏器出现痉挛，增加心脏负荷。

问题解析

其他一些有可能会碰到的运动损伤有哪些？如果受伤了该怎么办？

除了前面说的擦伤、挫伤、扭伤、拉伤、运动性腹痛等，还有严重扭伤、脱臼、骨折、韧带断裂等各种损伤，一旦出现较严重的运动损伤，务必立即停止运动并及时联系医务人员和拨打 120 急救电话，以免造成二次伤害。

1. 扭伤——由于关节部位突然过猛扭转，拧扭了附在关节外面的韧带及肌腱所致

多发生在踝关节、膝关节、腕关节及腰部，不同部位的扭伤，治疗方法也不同。

（1）可让急性腰扭伤患者仰卧在垫得较厚的木床上，腰下垫一个枕头，先冷敷，后热敷。

（2）踝关节、膝关节、腕关节发生关节韧带扭伤时，应立即冷敷，加压包扎，抬高伤肢。24 小时后进行按摩、理疗；应检查韧带的损伤程度和骨头是否有骨折，韧带断裂时需送医院。

2．脱臼——关节脱位

一旦发生脱臼，应嘱患者保持安静、不要活动，更不可揉搓脱臼部位。如脱臼部位在肩部，可把患者肘部弯成直角，用三角巾把前臂和肘部托起，挂在颈上，再用一条宽带缠过脑部，在对侧脑作结。如脱臼部位在髋部，则应立即让患者躺在软卧上送往医院。

3．骨折——骨结构的连续性完全或部分断裂

常见骨折分为两种，一种是皮肤不破，没有伤口，断骨不与外界相通，称为闭合性骨折；另一种是骨头的尖端穿过皮肤，有伤口与外界相通，称为开放性骨折。对于开放性骨折，不可用手回纳，以免引起骨髓炎，应用消毒纱布对伤口做初步包扎、止血后，再用平木板固定送医院处理。骨折后肢体不稳定，容易移动，会加重损伤和剧烈疼痛，可找木板、塑料板等将肢体骨折部位的上、下两个关节固定起来。如一时找不到外固定的材料，骨折在上肢者，可屈曲肘关节固定于躯干上；骨折在下肢者，可伸直腿足，固定于对侧的肢体上。常见骨折的固定方式如图1-17所示。

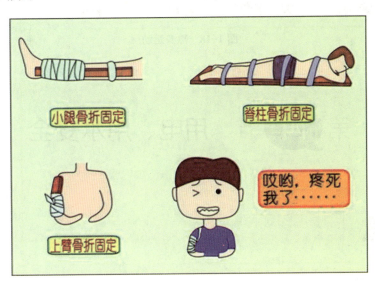

图 1-17　常见骨折的固定方式

根据上述内容可知，运动损伤的疼痛虽然会很快缓解，但关节软骨、韧带、骨头等结构的严重损伤是很难在第一时间发现的，经常要通过医院器械检查才能确认。所以一旦受伤，要做好预防二次伤害的准备。

希望大家加强运动防护意识，在做各项运动前一定要做好充足的准备并进行热身运动（图1-18），避免在运动过程中受伤，一旦有损伤则要请专业的医生来评估病情，制定科学的康复与治疗方案，这样才能康复得更好，有利于未来更加自信地重返运动场。

头与颈　　上臂与胸　　上臂与腰　　上肢与胸　　腰与侧腹

脊椎与腰　　髋关节　　膝关节　　大腿内侧　　小腿

大腿前侧　　脚与下背　　拉筋1　　拉筋2

图1-18　热身运动

第四节　用电、用水安全

案例回放

◎案例：意外触电身亡

据市民反映，某日中午在深圳市龙华区观澜街道放马铺某出租房内发生一起意外事故，一名女子冲凉时使用电器触电，经抢救无效死亡。

一、用电安全顺口溜

安全用电要牢记，普及漏电保护器。

电的作用实在大，叫它干啥它干啥。

你用电，我服务，用电有难我帮助。

电力法规常学习，安全用电永牢记。

线下栽树与盖房，按规清障没商量。

乱拉乱接违规程，引起火灾真伤神。

移动电器莫带电，带电搬移有危险。

电热器具须防火，忘关电源事故多。

万一电器着了火，不能带电把水泼。

各种手段偷窃电，轻则罚款重法办。

用电设备要接地，安全用电莫大意。

湿手不要摸电器，谨防触电要牢记。

擦拭灯头及开关，关断电源保安全。

遇到火灾勿慌乱，及时拨打 120。

二、用电安全小知识

（1）建议大功率电器使用独立插座供电。

（2）做好家中电器的维护，加装漏电保护开关。

（3）要做到防患于未然，定期排查电箱、电表，及时更换破损设备，谨防安全隐患。

（4）雷雨天气不使用太阳能热水器洗澡。

（5）禁止在手机充电时玩手机，特别是雷雨天气，谨防意外发生。用电安全小知识如图 1-19 所示。

图1-19 用电安全小知识

三、用水安全小知识

（1）随时主动饮水。人体内随时都会流失水分，保持每日水分摄入与排出平衡十分必要。若等到口渴时再饮水，体内失水已经很严重了，应养成随时主动饮水的习惯。

（2）合理选择饮料。饮料不能代替水。用饮料代替水，不但起不到给身体补水的作用，还会降低食欲，影响消化和吸收。同时，多数饮料都含有一定量的糖，大量饮用会摄入过多能量，造成体内能量过剩。

（3）不生饮自来水。一些人错误地认为生饮自来水有营养，尤其是在夏天喜欢图方便，拧开自来水龙头就喝水，这样很容易感染痢疾、伤寒、霍乱等肠道传染病。

问题解析

1．触电后的急救措施有哪些？

（1）切断电源。立即切断电源，或用不导电物体（干燥的木棍、竹棒或干布等）

使伤员尽快脱离电源。急救者切勿直接接触触电伤员，防止自身触电而影响抢救工作的进行。

（2）现场抢救。当伤员脱离电源后，应立即检查伤员全身情况，特别是呼吸和心跳，发现呼吸、心跳停止时，应立即就地抢救。

①轻症伤员：让伤员就地平卧，严密观察，暂时不要让其站立或走动，防止其继发休克或心力衰竭。

②呼吸停止、心搏存在伤员：让伤员就地平卧，松解衣扣，通畅气道，立即口对口进行人工呼吸。

③心搏停止、呼吸存在伤员：应立即对伤员进行胸外心脏按压。

④呼吸、心跳均停止伤员：应在对伤员进行人工呼吸的同时施行胸外心脏按压，以建立呼吸和循环，恢复全身器官的氧供应。

（3）及时拨打急救电话 120。说清伤员状况及急救措施、地址等。人工呼吸方法和心脏按压方法如图 1-20 所示。

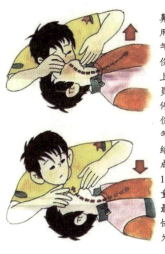

人工呼吸方法：
捏住伤员鼻子，口对口用力对伤员吹气，同时观察伤员胸部是否上升，看到伤员胸部上升，停止吹气，让伤员被动呼出气体。然后再给伤员深吹气，成人每分钟14~16次，儿童每分钟20次，最初六七次可快些，以后转为正常速度。

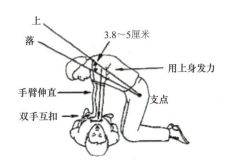

图 1-20　人工呼吸方法和心脏按压方法

2. 常见家用电器应该如何安全使用？

（1）电冰箱。电冰箱最好有专用电源线和电源插座；清洗电冰箱时应先断开电源；不宜频繁地开启箱门和开门时间过长；搬运电冰箱不可放倒横抬；不可将有燃爆危险的物品放入电冰箱内。

（2）空调。应注意防止由于电容器、密封接线座等处绝缘击穿而造成火灾。清洗空调必须停电进行；不能用汽油等化学试剂擦拭空调；若发现空调电动机不转等故障时应立即断开电源。

（3）电风扇。接通电源后，应检查指示灯是否亮，外壳是否带电，有无火花、冒烟或异味；手指及其他物件不得伸入电风扇防护罩内；使用前及每隔一定时间，应检查电源插头、电源线是否完好。

3. 发现家中水管漏水应该如何处理？

（1）一般情况下家中发现漏水，先仔细观察，确定漏水的情况和位置。

（2）若漏水量不大，可暂时在漏水处的下方放置一个接水的器皿，或用布条将漏水处绑结实，及时联系责任部门进行维修。

（3）情况紧急的，可关闭水表阀门止水；若不行，用布条将漏水处绑结实，进行应急处理，然后立即拨打供水服务热线进行维修，自来水集团工作人员将在45分钟内赶到现场为用户止水或维修。

4. 在安全用水的同时，一定要节水，生活中应如何节约用水？

（1）洗浴：间断放水淋浴，搓洗时及时关水，避免长时间冲淋。盆浴后的水可用于洗车、冲洗厕所、拖地等。

（2）洗手：洗手洗脸用盆接水，将使用过的水用于冲厕所。

（3）饮食：先用纸擦除炊具、食具上的油污，再洗涤；控制水龙头流量，改不间断冲洗为间断冲洗。

温馨提示：相关部门应该通过行政、技术、经济等管理手段加强用水管理。要调整用水结构，改进用水方式，科学、合理、有计划、有重点地用水，提高水的利用率，避免水资源的浪费。

5. 运动后可以马上饮水吗？

不可以。剧烈运动后如果因口渴而一次性饮水过量，会使血液中盐的含量降低。天热出汗多，盐分更易丧失，会降低细胞渗透压，导致钠代谢的平衡失调，发生肌肉抽筋等现象。另外，还会引起胃肠不舒适的胀满感，若躺下休息，更会因挤压膈肌影响心肺活动，所以应采用"多次少饮"的方法饮水。

　　温馨提示：避免在运动后立即大口、大量饮水；尽量不要饮用冰水或碳酸饮料，以饮用微温的白开水为佳；每饮一口水都应该在口腔内轻漱几秒后再缓缓咽下。

第五节　火灾的预防与自救

案例回放

◎案例：使用"热得快"引发火灾

　　某天早晨6时10分左右，某学校宿舍楼602室冒出浓烟，随后又蹿起火苗，室内4名女生惊醒。大火越烧越旺，4名穿着睡衣的女生被浓烟逼到阳台上，蹿起的火苗不断扑来，吓得她们惊声尖叫，隔壁宿舍女生见状，忙将过水的湿毛巾从阳台上扔过去，想让她们蒙住口鼻，争取营救时间。宿舍楼下，大批被紧急疏散的学生纷纷向楼上喊话，鼓励4名女生不要慌乱，等待消防队员前来救援，可是，在凶猛的火魔面前，她们逐渐失去了信心。又一团火苗蹿出来后，1名女生的睡衣被烧着了，惊慌失措的她大叫一声，从六楼阳台跳下，掉在底层的水泥地上。看到同伴跳楼求生，另2名女生也纵身一跃，消失在众人的视野中。3名同伴先后跳下让最后1名女生没了主意，她在阳台上来回转了几圈后，决定翻出阳台跳到五楼，可她刚拉住阳台外栏杆，还没找准跳下的位置，双臂已支撑不住，一头掉了下去。最后4名跳楼逃生的女生全部不幸身亡。

　　事件发生后，消防部门调查发现是由学生使用"热得快"引发的火灾。

知识百科

1．二氧化碳灭火器概述

　　（1）使用方法：先拔出保险销，再压合压把，将喷嘴对准火焰根部喷射。

（2）注意事项：使用时要尽量防止皮肤因直接接触喷筒和喷射胶管而造成冻伤。扑救电器火灾时，如果电压超过 600 伏，切记要在切断电源后再灭火。

（3）应用范围：适用于扑救一般电器类火灾，不适用于金属火灾。如扑救棉麻、纺织品时，应防止复燃。

2．干粉灭火器概述

（1）使用方法：与二氧化碳灭火器使用方法基本相同，但应注意的是，干粉灭火器在使用之前要颠倒几次，使筒内干粉松动。使用干粉灭火器扑救火灾时，应将喷嘴对准燃烧最猛烈处喷射，尽量使干粉均匀地喷洒在燃烧物表面，直至把火扑灭。

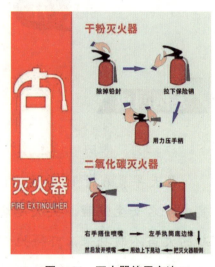

图 1-21　灭火器使用方法

（2）应用范围：干粉灭火器适用于各类初起火灾，它既可以扑救燃气灶及液化气钢瓶角阀等处初起火灾，也能扑救油锅起火和废纸篓等固体可燃物质的火灾。灭火器使用方法如图 1-21 所示。

3．灭火的基本方法

（1）隔离法：将着火的地方和物体与其周围的可燃物隔离或移开，燃烧就会因为缺少可燃物而停止。在实际运用时，可将靠近火源的可燃、易燃、助燃的物品搬走；把着火的物件移到安全的地方；关闭电源和可燃气体、液体管道的阀门，中止和减少可燃物质进入燃烧区域；拆除与燃烧着火物比邻的易燃物等。

（2）窒息法：阻止空气流入燃烧区或用不燃烧的物质冲淡空气，使燃烧物得不到足够的氧气而熄灭。在实际运用时，可用湿棉毯、湿麻袋、湿棉被、湿毛巾被、黄沙、泡沫等不燃或难燃烧物质覆盖在燃烧物上等。

（3）冷却法：将灭火剂直接喷射到燃烧物上，以降低燃烧物的温度。当燃烧物的温度降低到该物的燃点以下时，燃烧就停止了。还可以将灭火剂喷洒在货源附近的可燃物上，使其温度降低，防止辐射热影响而起火。冷却法是灭火的主要方法，主要用水和二氧化碳来冷却降温。

（4）抑制法：这种方法是用含氟、溴的化学灭火剂喷向火焰，让灭火剂参与到燃烧反应中，使燃烧链反应中断，达到灭火的目的。

4．自救的方法

（1）选择逃生通道自救。

发生火灾时，利用烟气不浓或大火尚未烧着的楼梯、疏散通道、敞开式楼梯逃生是最理想的选择。如果能顺利到达失火楼层以下，就算基本脱险了。安全出口标志如图 1-22 所示。

（2）结绳下滑自救。

当过道或楼梯已经被大火或有毒烟雾封锁时，应该及时利用绳子（或者把窗帘、床单撕扯成较粗的长条然后结成长带子），将其一端牢牢地系在自来水管或暖气管等能负载体重的物体上，另一端从窗口下垂至地面或较低楼层的阳台处等。然后沿着绳子下滑，逃离火场。

图 1-22　安全出口标志

（3）向外界求救。

倘若被大火封锁在楼内，一切逃生之路都已切断，可暂时退到房内，关闭通向着火区的门窗。

待在房间里，并不是坐以待毙。防烟堵火是当务之急。当火势尚未蔓延到房间内时，紧闭门窗、堵塞孔隙，防止烟火窜入。

若发现门、墙发热，说明大火逼近，这时千万不要开窗、开门。可以用浸湿的棉被等封堵，并不断浇水，同时，用折成多层的湿毛巾捂住嘴、鼻，一时找不到湿毛巾，可以用其他棉织物替代。与此同时，向外发出求救信号。可以用竹竿撑起鲜艳衣物，不断摇晃，红色最好，黄色、白色也可以，或打手电或不断地向窗外投掷不易伤人的衣服等软物品，或敲击面盆、锅、碗等，或向下面呼喊、招手，以求得消防队员的救援。

问题解析

1．如何做好校园火灾预防？

（1）学校教职员工、学生以及进入教学区、生活区的人员应自觉遵守防火安全管理规定。

（2）对师生进行防火安全知识宣传教育，进行消防安全知识的教育培训。

（3）学生在宿舍内，不应乱拉线路，乱设插座，不应使用电炉等电热器具。卧床后禁止吸烟，熄灯后禁止使用蜡烛等照明工具，禁止在疏散通道内堆放物品以及烧水、做饭等。宿舍内禁止存放酒精、汽油等易燃易爆危险品，自觉维护学校内的消防设施，保证安全出口的畅通。

2．如何做好教室火灾预防？

（1）在教室要教育学生自觉遵守学校有关消防安全的规定。增强防火安全意识，并做到不携带火柴、打火机等火种和烟花爆竹等易燃易爆危险物品进入教室，更不能在教室内玩火，用过的废纸、旧书本等不要随便乱

图1-23　发生火灾时不要惊慌，戴好面罩

烧。一旦教室发生火灾，不要惊慌，戴好面罩（图1-23）。

（2）在电化教室上课时，要遵守课堂纪律，听从老师安排。不乱动乱摸仪器和设备，不随便按动电器旋钮和开关，不随便进入配电室、库房等重点防火场所。要爱护公共消防装备和设施，不要随意挪动或玩弄。

（3）在化学实验室上课时，老师应当给学生讲清楚安全操作要求。学生应严格按照老师的操作要求去做，不得随便乱动或自行配置化学药品，用过的化学药品不能随便丢弃或带走。

3．如何做好学校宿舍火灾预防工作？

（1）不在宿舍内使用大功率电热器，比如电暖风、电磁炉、热得快等。这些电热器都是靠电阻值较大的材料发热来获得热量，耗电量比较高，如果使用的电线不配套，通电以后很容易因电线过载发热而发生火灾。

（2）尽量不要在床上点蜡烛照明看书。因为床上的蚊帐、被褥等都非常容易被点燃，一不小心就会引起火灾。

（3）夏季点蚊香时，要远离被褥。点燃蚊香后，如果遇到可燃物很容易引发火灾。因此，建议学生尽量不要用蚊香来驱蚊，可以选择使用蚊帐。如果一定要用蚊香，必须注意安全，以免引起火灾造成严重后果。点燃蚊香时，切记不能靠近被褥、窗帘等可燃物，以免风吹或碰撞使点燃的蚊香碰上可燃物，从而引发火灾。

4．如何做好灭火自救的"三要"？

（1）要熟悉自己住所的环境。平时要多注意观察，对住所或所在地的楼梯、通道、大门、紧急疏散出口等做到了如指掌，对有没有平台、天窗、临时避难层（间）做到胸中有数。另外，要了解门锁结构，知道如何开关窗户。特别值得一提的是，如果纱窗被螺丝固定住，那么此扇窗户将无法成为紧急出口。因此，门窗应确保容易开关。学会在紧急情况下，用椅子或其他坚硬的物品砸碎窗户的玻璃。

（2）遇事要保持沉着冷静。面对熊熊大火，只有保持沉着和冷静，才能采取迅速果断的措施，保护自身和别人的安全，将财产损失降到最低程度。有的人因为乱了方寸，采取错误的行动，结果拖延了逃生的宝贵时间。例如，只知道推门，而不会用力去拉门；错把墙壁当作门，用力猛敲；甚至不管三七二十一，盲目跳楼……

在开门之前要先摸摸门，如果门发热或烟雾已从门缝中渗透进来，就不能开门，准备走第二条路线。即使门不热，也只能小心地打开一点点缝并迅速通过，随后立即把门关上。因为门大开时会进入氧气，这样一来，即使是快要熄灭的火也会骤然燃烧起来。

（3）要警惕有毒烟雾的侵害。在火灾中，就生命而言，最大的"杀手"并非大火本身，而是焚烧时所产生的大量有毒烟雾，其主要成分为一氧化碳。另外，还有氰化氢、氯化氢、二氧化硫等。消防专家研究表明，空气中的一氧化碳浓度达到1%时，人呼吸数次后就会昏迷，一两分钟后便可死亡。

5．如何做好灭火自救的"三不"？

（1）不乘普通电梯［图1-24（a）］。火灾发生时，通常会导致停电。有时，人们为了防止大火蔓延而拉闸停电；有时，大火会将电线烧断。假如乘坐普通电梯，一旦突然停电，就意味着你会被困在电梯里，既上不去，又下不来，其后果可想而知。尤其需要说明的是，根据防火要求安装的消防电梯，由于其有单独的电源控制和其他安全设备，可用于人员的疏散。

（2）不要随意跳楼［图1-24（b）］。跳楼逃生的风险极高，一般跳楼人员不是重伤就是死亡。如果是在不得已的情况下，必须要跳楼，正确的跳楼方法是保证生命安全的重要一步。首先需要向楼下扔棉被或床垫之类的物品，目的是

图1-24 发生火灾时不要乘普通电梯，不要随意跳楼

身体着落时避免和硬水泥或者石头路面直接接触，从而减小伤害，然后双手抓住窗沿，身体下垂，双脚落地跳下，以缩小与地面的落差。

（3）不贪恋财物。遇上火灾时，一定要立即逃生，不要为穿衣或寻找贵重物品而延误了最佳时机，因为任何财物珍宝都没有生命可贵。曾经，某个学生宿舍着火了，一名贫困学生本来已经成功脱离火海，但他忽然想起准备交学费的几十元钱没有带出，返身复入火场，结果走上了不归路。人们在同情他的同时，也为其缺少最起码的常识感到惋惜。

第六节 疏散与避险常识

案例回放

◎案例一：食堂着火　险成大祸

2019年10月的一天，位于成都的某学校二食堂厨房突然着火，幸亏平时进行过多次防火演练，防火灾知识普及到位，师生全部及时疏散，无财产损失和人员伤亡。

◎案例二：歹徒进校　造成悲剧

2019 年 9 月的某天上午，湖北恩施一所小学内发生了惨绝人寰的无差别伤人事件。一男子持刀冲进校园行凶，导致 8 名学生死亡，2 名学生受伤。

知识百科

1. 紧急疏散重点知识

（1）疏散的原则。疏散撤离时，要根据灾害的具体情况，本着"安全快速、就近撤离"的原则马上撤离危险区域，到指定安全区域集结。在撤离过程中不可东张西望，不能再收拾物品。要做到以下几点：

①遇事不慌，头脑冷静。

②判明情况，思考对策。

③积极自救，互帮互助。

④听从指挥，有序疏散。

（2）疏散的要求。

①平时演练要认真，牢记紧急疏散路线。

②服从指挥，按顺序、按路线有序撤离。

③接到疏散命令后，要沉着冷静，听从指挥，撤离时动作要快，严禁争先恐后，推拉他人。遇到障碍，最前面的学生要设法快速排除障碍，保证后面的学生可以顺利撤离。

④如有学生跌倒或崴脚，后面的第一、第二名学生在快速将其扶起后应扶助他继续撤离，其他学生要绕行，不要围观、拥挤，更不准往前推压。

⑤在清查人数时，如果发现人数不齐，不要回原处寻找，应立即报告老师，老师再向领导汇报，并由领导处理。

2. 火灾自救逃生知识

发生火灾后迅速逃生也是重要的减灾方针，应注意以下几点：

（1）要考虑好几条不同的逃生路线。

（2）发生火灾时不能钻到书桌、讲台底下。

（3）火势不大时，要披上浸湿的衣服向外冲。

（4）不要留恋财物，要尽快逃出现场，成功逃出后切不可再跑回去取物找人。

（5）在浓烟中避难逃生要放低身体，最好用湿毛巾捂住口鼻。

（6）若身上已着火，不可乱跑，要就地打滚使火熄灭。

（7）生命受威胁时，不要盲目跳楼，可用绳或将床单撕成条状连接起来，并紧拴在门窗框上滑下。

（8）若逃生之路被火封锁，在无奈的情况下，退回室内，最好待在卫生间并关闭门窗，不断向门窗浇水。

（9）充分利用阳台、天窗等自救。

（10）要听从指挥，在老师的指导下，采取自救互救的措施。按照指定的疏散通道撤离到安全地点。

3．地震自救逃生知识

（1）在教室中遇到地震自救互救要领。

①不要惊慌失措，应听从老师的安排和指挥。

②迅速躲避到三角区（图 1-25），蹲下、抱头、闭眼。

③不要往教室外面跑。

（2）在操场上遇到地震自救互救要领。

①正在操场上时，应原地不动迅速蹲下。

②用手护住头部。

③要避开高大的建筑物或危险物。

④不要回到教室里。

图 1-25　发生地震躲避到三角区

4．特殊情况的应急避险知识

（1）如遭遇劫持或绑架，知情人应快速向案发地警方报案或通知相关部门，包括失踪者或被绑架者姓名、性别、年龄、职业、相貌特征等。另外，还应讲清事发过程和犯罪嫌疑人特征，请求警方缉拿。如自己遭遇危险时，要机智应对。

（2）学生在遇到交通事故时，如有自行能力，应立即向当地交警报案，协同交警处理解决，然后通知亲友，如当事人不能自力行事，目击者可拨打110报警或拨打120通知救护部门，协同交警处理解决。

（3）触电应急避险。

①发现有人触电，要及时报告。

②不要接触触电人员，要保护现场。

问题解析

1. 如果校园里突然发生火灾，应该怎么办？

当校园发生火灾时，不要慌不择路，而要冷静观察火势、火源寻求逃生路线；不要大喊大叫，要听从老师的组织，有秩序地逃生。

2. 灭火器要怎么使用呢？能教教我们吗？

除去铅封——拔掉保险销——左手握着喷管，右手提着压把——在距离火焰2米的地方，右手用力下压压把，左手拿着喷管左右摇摆，喷射干粉覆盖燃烧区，直至把火扑灭。

温馨提示：灭火时，站在上风位置，与着火点保持2米左右距离。

3. 在逃生的过程中，乘电梯是不是更快呀？

逃生时千万不要进电梯。发生火灾时，电梯会因断电或热变形无法升降，导致人员被困其中；另外电梯井像烟囱一样，贯通各个楼层，有毒的烟雾容易向其中汇集，会直接威胁被困人员的生命。

4. 如果我们被困在屋内了，又该怎么办呢？

固守待援。发现室外着火，门已发烫时，千万不要开门，以防止大火蹿入室内，要用浸湿的被褥、衣物等堵塞门窗缝，并泼水降温，等待火势熄灭或消防队的救援。

5. 如果在逃跑过程中，身上不小心着火了要怎么办呀？

逃生过程中若身上着火，应迅速将衣服脱下或撕下，或就地翻滚把火扑灭，但要注意不要滚动得过快，切记不要带火迎火跑动。若附近有水池、河、塘等，要迅速跳入水中，以灭去身上的火。

6. 在逃生的过程中有什么需要注意的地方吗？

（1）如逃生必经路线充满烟雾，要用湿毛巾或衣物捂住脸部，防止或减少吸入有毒烟气，并降低身体或匍匐在地前进。

（2）如果由于静电的作用或吸烟，身上的衣物不慎着火时，应迅速将衣服脱下或撕下，或就地滚翻将火压灭，但注意不要滚动太快。一定不要身穿着火衣服跑动。如果有水可迅速用水浇灭，但人体被火烧伤时，一定不能用水浇，以防感染。

（3）从火场逃生时可将浸湿的棉大衣、棉被、窗帘、毛毯等遮盖在身上，以防止被火烧伤。

（4）如果走廊或对门、隔壁的火势比较大，无法疏散，可退入一个房间内，将门关紧，防止外部火焰及烟气侵入，从而达到抑制火势蔓延速度、延长救援时间的目的。

（5）不要为了抢救室内的贵重物品而冒险返回正在燃烧的房间，这样很容易陷入火海。

7. 假如待在屋里一直没等到救援，又该怎么办呢？

当被大火围困又没有其他办法自救时，可用手电筒、醒目物品不停地发出呼救信号，以便消防队及时发现，组织营救。同时，用浸湿的毛巾捂住眼鼻，可以坚持得久一些，从而给消防员们更多的时间来营救。

8. 如果突然发生了地震，我们还在教室里，应该怎么做呢？

正在教室上课的学生，不要慌乱地向教室外面跑，要因地制宜迅速做决断：

有机会迅速撤离时在老师指挥下有序撤离到操场等开阔地带；无法撤离时应迅速用书包护住头部，抱头、闭眼，背向窗户躲在各自的课桌下，待地震过后，在老师指挥下有组织地撤离，防止因人多惊慌造成挤伤踩伤。

9．如果地震发生时刚好在室外应怎么办呢？

在室外上课时就地选择开阔地避震，蹲下或趴下，以免摔倒；不要乱跑，避开人多的地方；不要随便返回室内，避开高大建筑物或构筑物。

10．如果校园里突然闯入了坏人，我们应该怎么办呢？

（1）如果发现校园闯入行凶的坏人，学生首先要迅速散开，向远离坏人的四周跑散，并藏起来不要被坏人发现，也可以迅速就近跑到老师或校长办公室告知。

（2）如果坏人闯进教室，学生应迅速站起，将书包或凳子举起挡住身体，并从教室后门逃出去。

（3）闯入校园的坏人大都是穷凶极恶的，学生不要与其正面接触，应尽早逃离坏人的视线范围和危险之地。

（4）如果被追上可以立即躺在地上，弯曲双腿，并不停地踢打，这样可以拖延坏人的行凶时间，保护自己。

（5）学生千万不要自作主张和坏人搏斗，也不要和坏人讲话，应尽快告诉老师，让老师打电话报警。

第七节　预防溺水的措施与自救

案例回放

◎案例：5 名学生溺水身亡

2013 年 5 月 11 日上午 11 时，广东省惠州市博罗县罗阳一中 8 名初二学生相约一起到东江边烧烤。其间，1 名男同学疑误踩江边沙石滑入江中，其中的 4 位同学发现后手牵着手去施救，结果不幸一齐落入江中失踪。其余3位同学见此情况立刻报警求助。公安、消防及民间搜救队立即组织搜救。至当晚10时许，5名失踪学生遗体被打捞上岸。

知识百科

一、预防溺水的措施

（1）学会游泳，并应在成人带领下游泳，不可去水情不清的区域游泳。

（2）不要独自在河边、山塘边玩耍，不要去非游泳区游泳。

（3）不会游泳者下水，必须带救生圈等救护装备，也不要到深水区游泳，即使带着救生圈也不安全。

二、溺水时的自救方法

（1）不要慌张，发现周围有人时立即呼救。

（2）放松全身，让身体漂浮在水面上，将头部浮出水面，用脚踢水，防止体力丧失，等待救援。

（3）身体下沉时，可将手掌向下有节奏地轻轻向下划水，注意划水节奏，向下划要快，抬上臂要慢；同时双脚像爬楼梯那样用力交替向下蹬水，或膝盖回弯，用脚背反复交替向下踢水。不可两手四处乱划。

（4）如果在水中突然抽筋，可用不同的处理方式缓解抽筋。手指抽筋：握拳用力张开，反复直至解脱。手掌抽筋：将抽筋的手掌用力压向背侧，做振动；腿部抽筋：剧痛无法游上岸，应保持冷静、控制抽筋部位，漂在水面上呼救（图1-26）。

图 1-26 腿部抽筋时的处理方式

问题解析

1．不熟水性的学生该怎样为溺水者提供帮助呢？

要保持冷静，做到"保己救人"不贸然下水，立即大声呼喊"救命"，以引人注意，共同救援，并拨打110、120。就近寻找救生器材（如救生圈、救生衣、绳索、竹竿、浮板等），将其抛给溺水者并指导其使用救生器材（图1-27）。

2．万一溺水呼救时有水灌入口中，我们又该怎样去应对呢？

此时必须保证呼吸顺畅，再想办法呼救，可将手掌向下有节奏地轻轻划，把口鼻露出水面，防止过多的水灌入。

3．我们在下水前如果有过剧烈运动，还能游泳吗？

学生下水前如果有过剧烈运动，不宜立即游泳，否则也会导致抽筋发生不测。

4．同伴溺水后如何急救？

图1-27 帮助溺水者的正确方式

万一同伴溺水，切莫贸然下水救人，应马上呼喊成年人前来搭救。将溺水者搭救上岸后应尽量使其保持稳定侧卧位，头部位置恰当，使其口鼻能自动排出液体。同时，立即检查溺水者情况（意识、呼吸、心跳、外伤）；注意保暖；不用控水，应先吹气（图1-28）。

（1）意识清醒溺水者的救护。

注意保暖（不能饮酒）；进一步检查；拨打120。

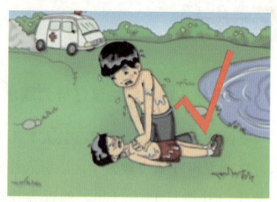

图 1-28　对溺水者进行急救

（2）意识丧失但有呼吸心跳溺水者的救护。

注意保暖（不能饮酒）；稳定侧卧位；进一步检查；拨打 120。

（3）无意识、无呼吸、无心跳溺水者的救护。

立即采用 A-B-C 方式（图 1-29）对其进行心肺复苏，即 A——开放气道；B——人工呼吸；C——胸外按压。

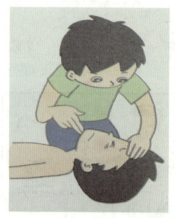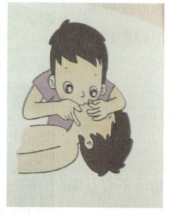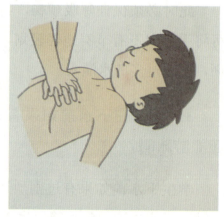

图 1-29　A-B-C 方式

现场有 AED（自动体外除颤器）应配合使用，直到溺水者被抢救成功，恢复自主呼吸和心跳；专业救护人员到达现场，接替现场急救工作；有其他救援者接替。

第八节 毕业实习与兼职期间的安全

案例回放

◎案例一：轻信他人 误入传销

2019年5月某中职学校一女生在实习期间，由于不听从带队老师的管教，私自离开工厂，被不法分子盯上，将她诱骗进一个传销组织。幸亏老师及时发现并报警，该生才得以逃脱。

◎案例二：不当操作 导致残疾

2019年8月的一个下午，某校实习生周某，随指导师傅进行拌料操作，拌料过程结束后，指导师傅有事离开，该生在清理该混合料中的剩余底料时，误启动了混合机，左手被卷入而导致残疾。可见，加强生产方面的安全意识教育，保护学生的生命安全，至关重要。

知识百科

1. 常见毕业实习与兼职期间的安全知识

（1）交通安全。

据调查统计，2019年，全国道路交通事故死亡73 484人，全国共发生道路交通事故238 351起，导致67 759人死亡、275 125人受伤，直接财产损失9.1亿元。尽管学生大部分时间生活在校园里，但实习或就业后，学生就要开始在社会上生产生活。调查发现，大部分学生的交通意识薄弱，交通安全防范意识有待加强。

（2）防火安全。

据调查分析，2019年全国接报火灾23.3万起，死亡1 335人，受伤837人，直接财产损失36亿元。火灾是危害人们生命安全的重要事故之一。调查显示，近

65.5% 的学生不会使用灭火器。当遇到火警时，有不少学生对逃生的正确方法一无所知，有 4.61% 的学生选择了"发生火灾逃跑时随大流"，可见，避险的盲目性很强。

（3）防骗防骚扰。

学生由于年龄较小，涉世未深，社会经验少，很容易掉进不法分子设计的骗局之中。尤其是女生，很多不法之徒专以"交友""恋爱""求助"为名，利用女生的爱心和情感行骗。另外，某些诈骗分子会以丰厚待遇为诱饵，骗取学生的信任，继而令其从事一些非法活动。

（4）生产安全。

生产安全是进行正常生产实习的保证，是关系到人身、设备等安全的大事。如果学生在实习前未接受相关的生产安全意识教育，无法预见在生产中可能出现的安全事故，就会在实习生产中陷入危险。加强学生生产方面的安全意识教育，保护学生的生命安全，至关重要。

（5）网络安全。

随着网络的不断发展，学生经常从网上获取信息，但较少考虑如何在网络环境下保护自己。有些学生将自己的真实材料发布在网上，如年龄、电话号码、QQ号、电子邮箱等，个人隐私一旦暴露，易引起一些不法分子的注意，进而引起他人的猜疑和攻击。

2. 中职生实习期间安全事故预防的对策

（1）增强实习生本人的安全意识。受专业局限，大多数学生在校学习期间，主要接触专业理论知识，对专业的安全知识以及社会安全知识知道得不多，再加上年轻，安全意识不强，所以，在顶岗实习过程中遇到安全问题，如不正确对待，容易导致安全事故。只有实习生本人提高了安全意识，才会有安全行为，才不会发生安全事故。

（2）学校应加强学生实习期间的安全教育与管理。安全教育分为安全知识教育、安全技能教育、安全态度教育。为了预防学生实习期间各类安全事故的发生，各院校应该高度重视对学生上岗前的安全教育，尤其是安全知识教育。同时，学校也应该重视对这类安全知识内容的编制，使其系统化。另外，校内专业老师更应该注重对学生安全技能的训练和安全作业能力的训练。为了防止学生在实习岗位以外发生伤害事故，学校可以采用网络技术及时对实习学生进行交通安全知识等的教育并要求学生经常与校内指导老师进行沟通与交流，汇报生活与工作情况，以便老师了解实习生的生产生活情况，预防各类安全事故发生。

3. 实习单位加强对实习生的安全教育与管理

实习是国家规定的职校生必须进行的课程，相关企业有义务接受，同时也有义务对实习生进行安全教育。基于此，新修订的《安全生产法》第二十五条第三款规定："生产经营单位接收中等职业学校、高等学校学生实习的，应当对实习学生进行相应的安全生产教育和培训，提供必要的劳动防护用品。学校应当协助生产经营单位对实习学生进行安全生产教育和培训。"在相应的法律解释出台前，企业不得忽视、误解甚至忽略该法规定的义务，应该比照企业正式职工，对实习生进行"三级安全教育"及常规安全知识、技能与态度教育，让实习生享有与企业从业人员同等的安全保障权利。

问题解析

1. 我们去实习或者兼职时，采用哪种交通方式更好呢？

疫情期间应尽量避免乘坐公共交通工具出行，尽量选择步行或者骑自行车，注意遵守交通规则。如果不得不乘坐公共交通工具，要戴好口罩，做好防护工作。

2. 在实习或者兼职时，与他人产生矛盾，应该怎么处理呢？

切记冷静思考，不能冲动行事，如确有难以解决的矛盾要及时联系学校老师处理。

3. 在实习或者兼职期间，要怎么保护自己的人身安全呢？特别是女生，要怎么做呢？

要提高自身的安全意识，严格遵守交通规则，牢记生产安全知识，尽量不与他人产生矛盾冲突，上、下班过程中与同学结伴而行，不要单独行动，不要轻信他人，要注意辨别潜在危险。

4．在实习或者兼职时，如果工作的地方离家太远，该不该与他人合租呢？要注意什么？

尽量在离家近的地方工作，不要出去租房住。如果与他人合租，要注意保护自己的人身安全和财产安全，不要随便听信他人的话。

5．在实习或者兼职过程中，如果身体不适，要怎么办？

发现身体不适，要及时联系带队老师或单位相关负责人，也可联系家长，在家长或老师的陪同下请假就医。

6．在实习或者兼职过程中，作为学生，我们需要特别注意什么？

要多学习一些法律知识和安全防护知识，认真进行安全培训，合理合法维护自身权益；要注意交通安全、生产安全、网络安全、防火安全、防骗防骚扰；并与家长、老师保持联系。常见诈骗套路如图1-30所示。

图1-30　常见诈骗套路

网络安全　第二章

第一节　"网络陷阱"辨识及安全上网攻略

◎案例：骗子谎称孩子住院，家长被骗

　　某职业中学学生李某某，在 2013 年 4 月和 5 月期间，先后在网上向多家用工单位投送了自己的求职简历。2013 年 5 月 8 日上午 8 时 15 分，李某某的父亲接到了公安机关的电话，说李某某出了车祸，正在医院抢救，情况十分危急，必须尽快动手术，否则会有生命危险，要求李某某父亲必须在 20 分钟内到市区某某医院交清手术费用 8 000 元，并告知李某某父亲医院的联系电话。

　　李某某的父亲给儿子拨打电话，但电话一直处于通话之中。李某某父亲根据来电人员提供的联系电话，与医生进行沟通，表示自己最快也要一个小时才能到达医院，能不能先做手术再补交费用，医生回复，必须先交清费用才能做手术，这是医院的规定没有办法，除非有人能够先代交费用。正在李某某父亲焦急万分之时，先前的来电人员又打电话过来，说是电话回访，询问李某某父亲相关情况。当得知李某某父亲无法及时赶往医院交费时，他表示人民公安就是为人民服务的，愿意帮他代办交费手续。随后，李某某父亲通过微信向对方转账 8 000 元。当李某某父亲赶到来电人员告诉他的医院时，发现根本就没有李某某的就诊信息，随后他拨打医生的电话，也无人接听。这时李某某父亲才意识到自己被诈骗了，立即打电话报警。

　　案例分析：学生通过互联网投递简历，或者在 QQ 聊天室与网友聊天时留下电话号码，这些看似很正常的事情，往往会给骗子以可乘之机，一不小心就会落入骗子的圈套。学生应当学会保护自己的基本信息，不要在网上随意公布自己的姓名、地址、电话号码及家人的信息。

　　为防止掉进"网络陷阱"，学生平时就应与家长建立良好的沟通，经常向家长报告自己的学习生活情况，并将班主任的电话告诉家长，当发生紧急情况时，应由家长与班主任进行联系。

　　作为家长，遇到此类诈骗事件时，一定要保持镇定，第一时间与自己的孩子联系，如果联系不到，应与学校联系。千万不要盲目将钱打入其他人的账号，否则很有可能上当受骗。

知识百科

1. 网络陷阱有哪些？

网络陷阱可以说无处不在，而且种类繁多，常见的有信用卡陷阱、网络刷单陷阱、网上交友陷阱、网上炒股陷阱、网上"饼干陷阱"、网上竞拍陷阱、"网络老鼠会"陷阱、网络链接陷阱、幸运邮件陷阱、物品销售陷阱、手机报复陷阱、网络求职陷阱和二手交易平台陷阱，等等。

2. 什么是信用卡陷阱？

信用卡陷阱（图2-1）是指在网络上发布诱人的购买信息，吸引客户填写表单，然后骗取客户账号及信用卡资料的陷阱。

3. 什么是网络刷单陷阱？

网络刷单陷阱（图2-2）是指商家以刷信誉等级为诱饵，通过刷单返现给客户的方式进行，等刷到大单后将客户拉黑，骗取钱财的陷阱。

图2-1　信用卡陷阱

图2-2　网络刷单陷阱

4. 什么是网上交友陷阱？

网上交友陷阱（图2-3）是指打着网上交友的旗号，用假资料欺骗对方，以照片为诱饵，在取得对方的信任后，以各种借口骗取钱物的陷阱。

图2-3　网上交友陷阱

5. 什么是网上炒股陷阱？

网上炒股陷阱（图2-4）是指通过"股票咨询服务"群的形式，在网上发布虚假信息，拉股民进群，然后哄抬股价使他人上当、自己借机赚钱的陷阱。

图2-4　网上炒股陷阱

6. 什么是网上"饼干陷阱"？

网上"饼干陷阱"是指利用某种程序盗窃用户资料以破坏与控制用户的陷阱，

因为这种暗中搜集用户资料的程序名为"饼干程序"（Cookies），所以又叫"饼干陷阱"。饼干程序主要是收集用户的浏览资料，分析用户的行为和习惯，以达到掌握用户信息的目的。

7. 什么是网上竞拍陷阱？

网上竞拍陷阱是指行骗者在网上竞拍时，秘密找"托儿"，哄抬拍卖品价格，然后以诱人高价买走拍卖品的陷阱。

8. 什么是"网络老鼠会"陷阱？

"网络老鼠会"陷阱是指行骗者以直销为名，变相吸收和发展会员，用受骗者不易察觉的方式非法吸取其金钱的陷阱。

9. 什么是网络链接陷阱？

网络链接陷阱是指当用户连接某些下载软件时，该软件能偷偷关闭用户与ISP（互联网服务提供商）的连接，而接上国外的长话拨号台，使用户支付巨额国际长途话费的陷阱。

10. 什么是幸运邮件陷阱？

幸运邮件陷阱（图2-5）是指行骗者发出"幸运邮件"，通常以一折或二折的优惠为名，诱骗受骗者汇款的陷阱。

图2-5　幸运邮件陷阱

11. 什么是物品销售陷阱？

物品销售陷阱是指以网上销售价廉物美的各类物品为名，或以"幸运免费赠品"的形式，要求受骗者将运费汇往某账户，以此骗取受骗者运费的陷阱。

12. 什么是手机报复陷阱？

手机报复陷阱是指一种秘密地在网上公布与己结怨者的手机号码并配以低价出让房子等信息，诱使他人打电话骚扰手机用户，还会使用户赔上巨额话费的"网上陷阱"。

13．什么是网络求职陷阱？

网络求职陷阱（图2-6）是指一些用人单位利用求职者急切求职的心理，骗取求职人员的个人信息、保证金、风险押金、培训费等财物的陷阱。

图2-6　网络求职陷阱

14．什么是二手交易平台陷阱？

二手交易平台陷阱（图2-7）是指在二手货交易过程中，卖方设下以次充好、偷换配件、转场交易、扣除押金等消费陷阱，使付款者上当受骗。

图2-7　二手交易平台陷阱

问题解析

1．遇到网络陷阱时应该怎么做？

（1）不贪小便宜；不要嫌麻烦。

（2）不盲目自信；不投机取巧。

（3）不泄露信息；不轻信他人。

2．作为青年学生，文明上网我们应该怎么做？

（1）要善于网上学习，不浏览不良信息；

（2）要诚实友好交流，不侮辱欺诈他人；

（3）要增强自护意识，不随意约会网友；

（4）要维护网络安全，不破坏网络秩序。

（5）要有益身心健康，不沉溺虚拟空间。

3．上网时，我们应该做好哪些安全保护措施呢？

（1）采用匿名方式浏览网页，安装个人防火墙，防止个人资料和财务数据被窃取。

（2）不要打开来自陌生人的电子邮件附件，关闭不需要的文件和打印共享。

（3）使用安全的链接方式，经常更改用户密码，使用包含字母、数字及符号的 8 位数以上的密码。

第二节　网络安全防范须知

案例回放

◎**案例：破坏计算机信息系统犯罪**

在震惊江西的高中生马某破坏计算机信息系统犯罪案件中，被告人马某被判处有期徒刑 1 年，缓刑 2 年。被告人马某家住江苏省镇江市，2014 年 7 月 19 日 17 时，他出于好奇心理，在家中使用自己的计算机，利用电话拨号上镇江 169 网，又使用某账号，从网上登录江西 169 多媒体通信网中的两台服务器 IP 地址，从两台服务器上非法下载用户密码口令文件，使用黑客软件破译了部分用户口令并通过编辑修改文件，使自己获得 ADM 服务器中的超级用户管理权限。同月 21 日 18 时，马某又采取上述方法登录了江西 169 网 ADM 服务器进行非法操作，并清除了系统命令。

同月 23 日 17 时，马某再次采取上述手段，造成某主机硬盘中的用户数据丢失。

案例分析：法院经审理认为，被告人马某违反国家有关规定，先后三次故意进行不当操作，对江西省 169 网中存储数据进行增加修改，对磁盘进行格式化，造成硬盘中用户数据丢失。由于其玩弄计算机网络，使 ADM 服务器两次中断服务达 30 个小时之久，后果严重，影响较坏，因此构成破坏计算机信息系统罪。根据《中华人民共和国刑法》第七十二条第一款、第七十三条第二款规定，鉴于被告人马某刚刚高中毕业，在校表现一直很好，出于好奇、耍聪明的动机，偶然犯罪，犯罪后能够认罪、悔罪、主动协助公安机关收集证据，且其所在地居委会已建立了帮教小组，要求法院从轻判处，故被告人马某被判处有期徒刑 1 年，缓刑 2 年。

知识百科

1. 计算机信息系统安全保护制度的内容是什么？

（1）计算机机房实行安全等级保护，要符合国家标准和国家有关规定，自觉遵守法律、行政法规和国家其他有关规定。

（2）计算机信息系统的使用单位应当建立健全安全管理制度，报省级以上人民政府公安机关备案。

（3）运输、携带、邮寄计算机信息媒体进出境的，应当如实向海关申报；发生的案件，应当在 24 小时内向当地县级以上人民政府公安机关报告。

2. 互联网禁止从事的违法活动有哪些？

（1）组织、煽动、抗拒、破坏宪法和法律法规实施的；非法集会、游行、示威，扰乱公共场所秩序的。

（2）捏造或者歪曲事实，散布谣言，妨害社会管理秩序的。

（3）从事其他侵犯国家、社会、集体利益和公民合法权益的。

3. 危害计算机信息网络安全的活动有哪些？

（1）未经允许，对计算机硬件、软件进行增加、修改或者删除的；对计算机信息网络中存储、处理或者传输的信息进行增加、修改或者删除的。

（2）故意制作、传播计算机病毒等破坏性程序的。

（3）在单位计算机上利用拨号或其他未经允许的手段登录互联网或他人计算机进行非法操作的。

1．如何加强校园网络安全管理？

（1）学校对使用校园网络的学生实行账号管理；学生应该遵守网络礼仪和道德规范，不得通过校园网络查阅、复制或在网上发布、传播有损国家、学校和个人的信息。

（2）积极防范和查杀计算机病毒，发现危害计算机网络信息安全的人和事应及时制止，或向公安机关、网络中心和学校职能部门反映和报告，并为有关部门调查取证提供帮助。

（3）严格控制U盘等移动存储介质的使用，对于U盘，应做到定期查杀病毒，在宿舍中尽量少使用U盘等移动存储介质，文件可通过邮件或网络硬盘等方式进行传输备份。

2．电子邮件的使用应该注意哪些方面的问题？

（1）不打开陌生的邮件，不随意点击不明邮件中的链接、图片和文件。

（2）修改初始密码，设置找回密码的提示问题；使用邮箱地址作为网站注册的用户名时，应设置与原邮箱登录密码不相同的网站密码。

（3）当收到与个人信息和金钱相关（如中奖、集资等）的邮件时要提高警惕。

3．访问网站时应注意哪些安全因素？

（1）安装安全防护软件，不要在网吧、宾馆等公共计算机上登录个人账号或进行金融交易等。

（2）尽量访问正规的大型网站，不随便安装页面弹出的 ActiveX 控件，不乱点除所需信息之外的广告和链接。

（3）不打开来历不明的电子邮件，登录网络银行等重要账户时，要注意网址是否和服务商提供的一致。

4. 网络虚假、有害信息应该如何防范？

（1）不造谣，不信谣，不传谣，及时举报类似谣言信息。

（2）要注意辨别信息的来源和可靠度，要通过经第三方可信网站认证的网站获取信息。

（3）在获得打着"发财致富""普及科学"和传授"新技术"等幌子的信息后，应先去函或去电与当地工商、质检等部门联系，以核实情况。

5. 计算机系统安全保护应该如何操作呢？

（1）定期更新 Windows 操作系统，定期更新系统程序和漏洞补丁。

（2）禁用和关闭一些系统不必要的服务和端口。

（3）定期优化系统，清理注册表、垃圾文件、临时文件、IE 缓存，卸载不使用的软件。

6. 应如何安全使用软件？

（1）开启操作系统及其他软件的自动更新设置，及时修复系统漏洞和第三方软件漏洞。

（2）非正规渠道获取的软件，在运行前应进行病毒扫描，定期全盘扫描病毒等，清除可疑程序。

（3）定期清理未知可疑插件和临时文件，安装软件的时候，不安装其捆绑的软件。

7. 使用移动存储设备应该注意哪些安全问题？

（1）不使用来历不明的移动存储设备，使用前应进行全面杀毒。

（2）打开时应单击鼠标右键"打开"，禁止双击鼠标左键。

（3）禁止 U 盘、光盘等移动存储设备自动播放。

8. 常见的病毒类型有哪些？

常见的病毒类型有 DOS 病毒、Windows 病毒、入侵型病毒、嵌入式病毒和外壳类病毒五种。

9．我的计算机中了病毒，有哪些杀毒软件可以使用呢？

百度杀毒、瑞星、东方微点、腾讯电脑管家、360杀毒、卡巴斯基、迈克菲（McAfee）、小红伞、ESET NOD32、Avast!（爱维士）等。

第三节 如何预防电信网络诈骗

案例回放

◎**案例一：冒充支付宝客服实施诈骗**

福建厦门的江女士接到一个电话，一名自称蚂蚁金服工作人员的人告诉她，之前一个贷款申请通过了，但是需要反馈一个验证码才能放款。江女士高兴坏了，这笔贷款对她来说可是雪中送炭。于是，她没有过多怀疑，在手机收到一个验证码短信后，马上就通过浮动窗口把验证码报给对方。没想到，接下来江女士的支付宝账号被人先后分8次消费了2 000元。发觉被骗后，江女士赶紧报警。无独有偶，农先生也落进了骗子的圈套。对方自称是支付宝的客服，详细说出了农先生和他家人的情况，并主动要求退还其妹妹之前被骗的钱款。农先生没有怀疑。随后，在对方诱导下，农先生通过支付宝平台的贷款项验证了身份信息，并按照对方的要求先后四次转账24 480元。汇完款后，农先生越想越不对："不是应该给我钱吗，怎么要我给钱？"随后，农先生电话咨询了真正的支付宝客服，才发现上当了！

案例分析：遇到冒充支付宝客服诈骗时的应对方法如下："双十一"等网络购物节，给了不少骗子可乘之机，警方提醒群众一定要仔细分辨，谨防上当受骗。无论骗子是冒充"蚂蚁金服"客服，还是冒充支付宝客服或快递员，最后都要达到诱骗受害人转账的目的。因此，在接到此类电话时，千万不要轻信，应直接与官方平台或快递公司客服联系。

◎**案例二：新型诈骗手段多样**

山东济南的李先生接到一个陌生电话，说其在网上购买的服装有质量问题，要为其办理退款。李先生因为经常在这个网上买东西，便信以为真。此后，李先生在对方提示下加了一个支付宝账户。对方让李先生先从支付宝上的"招联好期贷"里借款1.3万元，然后再把这笔钱连同之前退款一并返还李先生。李先生按对方指示，从中借了1.3万元，对方通过支付宝发过来一个二维码，让李先生扫一下。李先生扫码后，其支付宝上的钱就转出了，但他没收到退款。李先生询问对方，对方让他多操作几次，于是李先生又连续扫码三次，每次扫码其支付宝里都有钱转出。可是，对方还是说没成功，并谎称一个借贷平台可能不行，让其再从"蚂蚁借呗"借1.1万元，再扫一遍二维码。李先生就又从"蚂蚁借呗"借了1.1万元，并进行了扫码操作，支付宝的钱又转出去了，但仍未见返款。此时，李先生感觉不对，联系支付宝客服得知已被转走8.3万元，方知自己受骗了。这8.3万元，除2.4万元贷款外，其余均是李先生自己银行卡里的存款。

案例分析：遇到网购退款、办网贷诈骗时的应对方法如下：这种诈骗之所以能够频频得手，其中一个原因是诈骗分子通过非法手段获取了受害人的交易清单，而且利用了人们对网购退款流程以及网络消费金融平台不熟悉的弱点。骗子口中的互联网金融交易平台均可通过支付宝进行个人消费借贷，不需要担保、抵押，即便受害人自己没有钱，骗子也可以通过诱骗受害人在这些平台上借贷进行诈骗。办案民警提示，接到所谓"退款""返钱"的网购客服、商家电话不要轻信，一定要拨打公布的官方客服电话核实后再决定。

知识百科

1. 预防电信网络诈骗的"四不原则"是什么？

预防电信网络诈骗的"四不原则"，即不汇款、不轻信、不泄密、不链接。

2. 预防电信网络诈骗的"八个凡是"是什么？

预防电信网络诈骗的"八个凡是"，即凡是自称公检法要求汇款的；凡是叫你汇款到"安全账户"的；凡是通知中奖、领取补贴要你先交钱的；凡是通知家属出事要事先汇款的；凡是索要个人和银行卡信息及短信验证码的；凡是让你开通网银接受检查的；凡是自称领导（老板）要求打款的；凡是陌生网站（链接）要登记银行卡信息的。

3．遇到电信网络诈骗时，应该向哪些人询问相关信息？

（1）主动询问本地警察、派出所（遇到冒充公检法诈骗时）。

（2）主动询问银行、正规客服人员（遇到名下银行卡被冻结，冒名办理，冒充淘宝、快递客服诈骗时）。

（3）主动询问当事人（遇到冒充好友借钱、汇款时）。

4．什么是返利诈骗？

返利诈骗是指通过快递公司遗失邮包，以快递公司员工的名义，愿意以高价赔付的形式，诱骗消费者的诈骗。

5．什么是冒充公检法系统人员查案办案的诈骗？

通常都是以个人的身份证信息被不法分子使用，告诉受害人正从事涉嫌洗黑钱等违法犯罪活动，法院有你的传票等信息，要求个人将资金转至安全账号的形式进行的诈骗活动。

6．什么网络游戏中奖诈骗？

网络游戏中奖诈骗（图2-8）是指当你玩某款热门网络游戏时，收到一条中奖信息，要其联系一个微信账户，当你确认信息，认为自己真的中奖时，以领奖需缴纳手续费为由实施的诈骗。

7．什么是游戏充值诈骗？

游戏充值诈骗是指受害人通过网络游戏好友加入一个游戏公司创建的微信群，参与群主举办的充值返利活动，老玩家可以享受充值翻倍返利专属活动的形式实施的诈骗。

图 2-8　网络游戏中奖诈骗

8．什么是退共享单车的押金诈骗？

退共享单车的押金诈骗（图 2-9）是指通过假的官方网站，冒充客服，要求受害者打开微信钱包，将"付款界面"中的 18 位数字告诉对方就可以办理退款的方式实施的诈骗。

图 2-9　退共享单车的押金诈骗

问题解析

1．遇到电信网络诈骗时应该做到哪"六不"？

"六不"，即不轻信、不汇款、不透露、不扫码、不点击陌生链接和不接听转接电话。

2．预防电信网络诈骗应该养成哪些好习惯？

（1）保护好个人身份证和银行卡信息，开通账户短信通知。

（2）操作网上银行时，使用银行官方网址。

（3）密码要设置得相对复杂、独立，验证码不要轻易告知他人。

3．接到快递遗失让申请赔付的电话时，我们应该如何防范被骗呢？

（1）接到这类电话，当事人不要轻易泄露个人信息，更不能转账，以免上当受骗。

（2）可以向快递公司官方客服咨询，或者拨打110报警。

4．遇到冒充公检法系统人员查案办案的诈骗时，我们应该如何对待呢？

（1）除了不轻信任何冒充查案类的诈骗电话外，也不要依照对方要求，对手机进行设置呼叫转移、下载不明软件等操作。

（2）积极配合警方的工作，及时接听警方的劝阻电话，认真查看警方发送的提醒短信，并配合出警民警的现场核实工作。

5．遇到网络游戏中奖诈骗时，我们应该如何对待呢？

（1）首先要明白一点，就是需要交钱才能领奖，基本都是骗局。

（2）当QQ或手机中收到来历不明的中奖提示，不管内容有多么逼真诱人，千万不能相信，更不要按照所谓的咨询电话或网页进行查证，否则很容易一步步陷入骗局中。

（3）在玩网络游戏时，不要轻易相信网络游戏中的中奖信息，购买装备和虚拟货币时尽量通过认证的方式进行交易。

6．遇到游戏充值诈骗时，我们应该如何对待呢？

当有人通过微信群单独加微信好友时，要认真核对身份，即使双方是好友，也不要在微信中"谈钱"，一定要当面沟通或电话确认。

7．在退共享单车的押金时，我们应该如何防止被骗呢？

（1）手机微信钱包的 18 位付款码信息千万不能告诉他人，只要骗子取得 18 位付款码，就可以使用你微信钱包里面的零钱和所绑定银行卡里面的钱进行消费。

（2）如果要办理共享单车退押金业务，可以在共享单车官方 App 中操作，切勿盲目上网搜索，以免上当受骗。

身心健康　第三章

第一节 学生常见心理问题

◎**案例：因打游戏引发争吵而溺亡**

四川的小林因为天天打游戏与父母吵架，父母多次教育反而让他更加逆反。一次，父亲开车行驶到桥头时，小林再次与父亲发生争吵，小林下车直接跳进河中，不幸溺水身亡。

案例分析：上述案例中的小林有严重的心理问题，他因为不能控制自己的负面情绪，给他人甚至是自己带来了极大的伤害。中职生正处于青春期，心智尚未成熟，表达情绪直接，容易外露，波动性大，辨别力较差。

学生出现心理问题，多是受到家庭或学校的影响，学校要加强对青少年心理健康问题的宣传，帮助学生科学合理地认识心理健康问题，帮助家长掌握正确的教育方式。学校和家庭都要重视心理问题可能引发的负面影响。

知识百科

1. 什么是心理健康？

心理健康是指心理的各个方面及活动过程处于一种良好或正常的状态。心理健康的理想状态是保持性格完美、智力正常、认知正确、情感适当、意志合理、态度积极、行为恰当、适应良好的状态。

2. 常见的心理问题有哪些？

中职生常见的心理问题主要有自我意识问题、人际交往问题、学习问题、情绪问题、情感问题和就业问题等。

3．什么是心理咨询？

心理咨询是指心理咨询师运用心理学的原理和方法，帮助求助者发现自身的问题和根源，从而挖掘求助者本身潜在的能力来改变原有的认知结构和行为模式，以提高其对生活的适应性和调节周围环境的能力。

问题解析

1．哪些人需要心理咨询？

只要是觉得不快乐，生活中有问题不知该如何解决的人，原则上都是可以做心理咨询的。

目前心理咨询服务主要面对以下几种类型的人：一是精神正常，但遇到了与心理有关的现实问题并请求帮助的人群；二是精神正常，但心理健康出现问题并请求帮助的人群；三是特殊对象，即临床治愈的精神疾病患者。其中，心理咨询最一般、最主要的对象，是健康人群或者是存在心理问题的亚健康人群，而不是人们常误会的"病态人群"。

2．怀疑自己有心理问题或心理障碍，我们该怎么办？

怀疑自己有心理问题时，可以到学校心理辅导中心寻求心理辅导老师的帮助和初步评估，再决定是否去医院精神科寻求帮助；或者直接向精神专科医院的医生求助。

如果确认自己有心理问题或障碍，请你：

（1）面对自己的心理问题或障碍。

（2）选择合适的心理辅导老师接受定期的心理辅导。

（3）找心理医生接受专业的治疗。

第二节 青春期性心理发展

案例回放

◎案例一：遇到问题寻求心理辅导

丽丽（化名）是一名初中生，面容姣好，身材匀称，男孩子都喜欢看她，她很开心，有时候脑海里经常会出现和男孩子在一起的画面，为此她既开心又烦恼，时间久了，丽丽上课时会出现注意力不集中的情况，成绩也受到影响。丽丽不敢向父母说，后来鼓起勇气到学校心理辅导室找心理辅导老师聊天，寻求帮助。

◎案例二：因爱生恨酿命案

曾轰动省会郑州市的"5·21"校园凶杀案告破，涉嫌故意杀人的犯罪嫌疑人普某已被依法逮捕。17岁的犯罪嫌疑人普某系郑州铁路某中学学生。经初步查明，普某因暗恋的女同学李某喜欢上别人，决定第二天把本班的女同学李某杀死，然后再自杀。

5月21日下午，普某在商店购买了锁、刀片、啤酒、烧饼等物品，将被害人李某骗至校园附近小屋内，将李某杀害后，普某自杀未遂逃窜，后到公安机关投案。据悉，普某心理不健康，且平时爱浏览黄色网站，最终导致铤而走险，以身试法酿成命案。

知识百科

1. 青春期怦怦跳的心理变化知多少？

正值青春期的学生会产生与异性交往的强烈渴望，他们被彼此间的情感所吸引，互相有好感，产生了接触的欲望，开始由疏远走向靠拢。对异性同龄伙伴产生亲近感，喜欢和异性交谈、游玩。在青春期时，对异性有好感其实是一件非常自然而又正常的事情，但同样也是一件幸福而又烦恼的事情。同学们要学会控制自己的感情，适度交往。异性交往的程度和方式要恰到好处，应为大多数人所接受。既不为异性交往过早地萌动情爱，又不因回避或拒绝异性而对交往双方造成心灵伤害。同时，要认清什么是爱，不要自作多情，别把一个眼神、一份好意和一种欣赏当作"爱"。

（1）同学们，你们对爱情的认知有多少呢？

场景一：假如你们彼此的感觉是"希望对方开心、快乐；发现跟对方在一起的时候很快乐，总想跟对方待在一起；觉得对方是很优秀的人，对于其他人不认可的地方，自己也觉得那是优点；当自己不开心时，会希望对方能在自己身边宽慰自己，并给予支持；特别能理解对方对事物的想法，当对方需要时，会坚定地站在对方身边，并给予支持；会想把自己的秘密、心爱的事物与对方分享"，则证明你们相爱，你们之间的爱情是无法替代的亲密和陪伴。要好好经营，珍惜这段感情。

场景二：如果你们之间彼此的感觉是"希望与对方亲近，渴望与对方有肌肤之亲，包括牵手、拥抱、亲吻等表现情意的行为"，则证明你们之间的爱情是对彼此的吸引和渴望，是激情居多的爱情，要考虑到日后激情退去，是否还会有爱存在。

场景三：如果他对你说："我爱你。我承诺在将来的日子里，会一直陪伴你、尊重你、爱护你。"你回应："我也爱你。我承诺无论将来发生什么，我都会为维护我们的爱情而努力，"则体现出你们之间的爱情是对彼此的承诺与责任。这是一种渴望成为伴侣的爱。

场景四：如果她对你说："你最近要准备足球比赛，每天都忙于训练。我尊重你的选择，你落掉的功课我会帮你补。"你回应："我接受你的建议。谢谢你愿意陪我补上功课。"这就体现出你们之间的爱情是对彼此的尊重与接纳。

同学们，你们都经历过哪种类型的情感呢？你们能分清楚吗？

教育家陶行知说——每个人，无论男女，到了一定年龄是要谈恋爱，要过家庭生活的。但是，果子是熟的好吃，还是生的好吃？

虽然爱情不分年龄，但是分阶段和种类，不同年龄的情感有不同的成分，16岁的爱情和36岁的爱情成分是不一样的，你们了解吗？

（2）关于爱情的科学解释。

在罗伯特·斯腾伯格（Robert Sternberg）看来，爱情由三个成分构成：激情、亲密和承诺。

其中，激情是爱情的情感成分，指情绪上的着迷，主要包括深厚的情感和性欲；亲密是爱情的动机成分，指心理上喜欢的感觉，主要包括联结感、紧密感和喜爱；承诺是爱情的认知成分，指心理或口头预期，主要指决定与另一个人建立长期关系。

这三种成分的组合构成了8种爱情形式：

激情、亲密和承诺三者都缺失：无爱，如泛泛之交，彼此关系随意、肤浅、不受约束。

主要是亲密，缺乏激情和承诺：喜欢，如友谊关系，如果某个朋友当面能唤起你的激情，当他／她离开时，你会产生思慕，那么你们之间的关系就超越了喜爱，变成了其他类型。

主要是激情，缺乏亲密和承诺：迷恋，如初恋。

以承诺为主，缺乏亲密和激情：空爱，如激情燃尽的爱情关系中，既没有温情也没有激情，仅仅是在一起过日子；或包办婚姻的初始阶段。

有激情和亲密，缺乏承诺：浪漫之爱，如"不在乎天长地久，只在乎曾经拥有"。

有亲密和承诺，缺乏激情：相伴之爱，如深沉的情感依恋，温馨而又相互依赖。

有激情和承诺，缺乏亲密：愚昧之爱，如一见钟情，常伴随着旋风般的求爱，闪电般的结婚。

同时具有激情、亲密和承诺：完美式爱情。

激情、亲密和承诺共同构成了爱情，缺少其中任何一个要素都不能称其为完美爱情，正如三点确立一个平面，缺少任何一个点，这个唯一的平面就不存在。这也与中国人向来重视夫妻关系中的性、情、义三位一体的观点颇为相似。

（3）完美爱情故事小分享。

最心有灵犀的爱情：钱锺书与杨绛

爱和相遇的时间没有关系。

杨绛在东吴大学上学时，当时流传，追求杨绛的男同学有孔门弟子"七十二人"之多。1932年，钱锺书在清华园认识了无锡名门才女杨绛，并对她一见钟情，第二年，钱锺书与杨绛便举办了订婚仪式。

在20世纪的中国，杨绛与钱锺书是天造地设的绝配。胡河清曾赞叹："钱锺书、杨绛伉俪，可说是当代文坛中的一双名剑。钱锺书如英气流动之雄剑，常常出匣自鸣，语惊天下；杨绛则如青光含藏之雌剑，大智若愚，不显刀刃。"在这样一个单纯而温馨的学者家庭，两人过着"琴瑟和弦，鸾凤和鸣"的围城生活。

一天早上，杨绛还在睡梦中，钱锺书早已在厨房忙活开了，平日里"拙手笨脚"的他煮了鸡蛋，烤了面包，热了牛奶，还煮了醇香的红茶。睡眼惺忪的杨绛被钱锺书叫醒，他把一张用餐小桌支在床上，把美味的早餐放在小桌上，这样杨绛就可以坐在床上随意享用了。吃着丈夫亲自做的饭，杨绛幸福地说："这是我吃过的最香的早饭。"听到爱妻满意的回答，钱锺书欣慰地笑了。

钱锺书曾用一句话概括他与杨绛的爱情："绝无仅有地结合了各不相容的三者：妻子、情人、朋友。"这对文坛伉俪的爱情，不仅有碧桃花下、新月如钩的浪漫，更融合了两人心有灵犀的默契与坚守。

最志同道合的革命伴侣：孙中山与宋庆龄

作为一代革命先驱，孙中山得到了不少挚友的支持，宋庆龄的父亲就是其中之一。1913年8月，"二次革命"失败，革命派在国内失去了立足之地，大多随孙中山流亡日本，宋耀如一家更是举家迁避日本。从美国读书归来的宋庆龄到日本与家人会面，终于见到了她所敬仰的孙中山，并开始接替父亲和姐姐的工作，于1914年9月起正式担任孙中山的英文秘书。这是在患难中生长出来的爱情：革命失败，心灵的创伤和流亡海外生活的孤寂，孙中山在宋庆龄的帮助和抚慰中得到了补偿；而宋庆龄追承孙中山革命的愿望得到了满足，并发出了这样的肺腑之言："我的快乐，我唯一的快乐是与孙先生在一起。"这遭到宋庆龄父母尤其是母亲的坚决反对，他们的年龄相差28岁！

1915年10月，在得知孙中山已与前妻离婚的消息后，22岁的宋庆龄冲破父母的"软禁"，赴东京与孙中山成婚。他们的情深谊笃，令人感动。

1922年6月16日，陈炯明在广州发动"羊城兵变"，在危难之际，宋庆龄把生的希望留给了孙中山："中国可以没有我，但不可以没有你！"1925年3月11日，孙中山弥留之际，特别嘱咐儿子、女婿要"善待孙夫人"，听到何香凝保证尽力爱护宋庆龄之后才放心。短短 10 年聚首，胜过人间无数。此后，宋庆龄孀居终生。

2. 青春期蹭蹭长的身体变化知多少？

（1）女生有了第二性特征怎么办？

一般来说，女生在 12～14 岁时，就会在生理上发生微妙的变化，这时，乳房变大突起，身体的隐秘部位开始长出体毛，月经来临，这些都属于女性的第二性特征。第二性特征的出现标志着女性性生理开始走向成熟，这是大自然赋予人类生长发育的必经过程，不必紧张、害怕，要认真对待。

①树立正确的性别观念。第二性特征的出现说明自己具有健康、正常的身体条件，应为自己成功地发育成为一名健全的女性而感到自豪和高兴，愉悦地接纳并承认自己的性别角色。随着性成熟期皮下脂肪开始沉积，这时女生应加强体育锻炼，以使自己身材匀称、体形完美。

②要形成性成熟意识。第二性特征的出现使一个女生开始成为一名亭亭玉立的少女，它在标志性成熟的同时，也宣告了女生从此开始具有了生育功能，这需要引起女生对自身身体的格外珍惜和重视。另外，第二性特征的出现也易引起异性的关注，因此应该同时形成强烈的自我保护意识。强化性别意识，在与男生交往时，要开始注意自己与他们的性别差异，包括注意与他们的身体、语言和行为上的差异等，而且要开始学会与男生保持一定距离。

③没有必要害羞或反感自身的变化，如果确实对此变化感到不适应，可主动向母亲询问，这样可以及时得到母亲的指导和帮助。

（2）男生有了第二性特征怎么办？

男生在 13～15 岁时也会在生理上发生一系列变化，如开始出现喉结、胡须，并有体毛旺盛、说话声音变粗和遗精等现象，遗精的出现标志性成熟的同时，也宣告了男生从此开始具有了生育功能。那么，我们应该如何应对这些变化呢？

①抓住时机加强体育锻炼。男生的性成熟期也正是全身肌肉群开始生长的时期，这个时候加大体育锻炼力度，特别是加强对胸部肌肉的锻炼，对长成强壮、伟岸的身躯至关重要。

②在与女生的交往中应具有男子汉的宽厚、礼让与绅士风度，既要尊重女

生，也要尊重自我，在与女生的交往中应保持一定的距离。

③在学习和生活中，注意塑造自己的"阳刚之气"，遇事勇敢、果断，与人交往豁达、大度，要敢于对自己的行为负责，注意多与同龄男生交往，从他们身上取长补短。

3. 躁动的青春期，女生该怎样保护自己呢？

青春期的男生、女生由于性的发育和成熟，出现了与异性交往的渴求。比如，喜欢接近异性，喜欢在异性面前表现自己，想将自己有好感的异性据为己有，想了解性知识，在不成熟的爱情发生后，因惧怕承担责任而酿成严重后果等。若处理不当，还会导致犯罪事件发生。那么，青春期的女生该怎样保护自己呢？

①衣着要朴素，行动态度要端庄，不轻易与陌生人接近或交谈，不轻易接受陌生男子的邀约，相交不深就要保持距离。在假日或晚间，避免单人在教室自修，到老师宿舍向男老师请教问题时，人数应至少在两人以上。

②不在僻静的厕所、教室或幽暗地久留。不单独走荒郊、僻静巷道，若见到陌生男子徘徊，应提高警觉，迅速离开。不要轻易让陌生人进入住宅，夜晚回家后应锁好门窗，防止歹徒侵入。和男生交往，要自尊自爱，保持一定距离；不要和社会上的不良青年交往，上学和放学回家，最好结伴而行或请家人来接。

③女生外出，随时与家长联系，未得家长许可，不可夜宿别人家。提高警惕，防范恶意出现的坏人，也要警惕以"善意"出现的好心人。不要一个人或与少数几个女同学到公园、河边、树林等偏僻的地方看书或复习功课。如果你喜欢上网聊天，记住不要轻易去见网友。若非见不可，要说明实情并征得父母同意，见面时最好由父母陪同，避免发生意外。

问题解析

1. 不知为什么，我现在总是爱打扮自己，希望引起别人注意。妈妈说我"不学好"，我真的是不学好吗？

青春期爱美，是身心发育的必然，也是少男少女走向成熟的标志，是正常的表现。但是要正确地理解美的含义，美不止有外貌，更有心灵美，心灵美才是真正的美。真正的美是简洁的、自然的、朴素的，是不刻意的。

2．小的时候还有朋友一起玩，长大以后都各忙各的了，我感觉很无聊。不过我最近在网上认识了一个男生，他说从聊天里觉得我是个很可爱的女孩子，我很开心，他约我周末见一面，我应该去吗？

不建议你去。因为他就是个陌生人，你不了解他，他说的话是真是假，他是什么人，他对你是不是有预谋等，都需要好好衡量，你一定要有防范意识。

3．我真的很讨厌我的爸妈，他们什么都要管我，我没事做，玩会儿手机他们都要过来骂我，我可以选择离开他们吗？

"世上只有妈妈好，有妈的孩子像个宝"，正如歌词里唱的，世界上最爱你的是父母。父母一直在学习如何成为适合你的父母，同样，你也要学习如何成为父母温暖的"小棉袄"。父母处处关心你，是因为你没有给他们足够的安全感，所以先从让爸妈相信你有能力保证自己的安全开始吧。

4．有个男生很想与我亲近，渴望与我有牵手、拥抱、亲吻等肌肤之亲，他爱我吗？他会珍惜我吗？

我认为那不是爱情，那个男生只是为了满足自己的欲望，他的动机不纯。

5．我喜欢的男生，他不喜欢我，开始讨厌我了，让我不要再出现在他面前，不要再出现在他的生活里，我是不是该去死？

不要轻易放弃生命，他并不是最好、最适合你的，走下去，你会遇到更好的风景。很多人都经历过失恋，感受过失恋后的伤心痛苦，其实失恋并不可怕，可怕的是你在失恋后的情绪变化，在一段恋情中，无论你是想要挽回感情还是想要走出这段感情，都要好好地调整自己的心态、整理好自己的情绪，不要因消极的情绪而影响你的行为。

第三节　常见心理问题的自我调适方法

◎**案例：及时关注学生心理健康**

正在上初中的一位男生，表现得情绪高涨，过于热衷与他人聊天，不断给周围熟悉与不熟悉的人发各种信息，讲述自己克服抑郁症的经历，但多为碎片式的陈述，内容没有逻辑性。一开始，这位男生出现这些症状并没有引起其父母的重视，也没有去治疗。后来，他的症状越来越严重，开始攻击辱骂其父母，不接受任何人的质疑，认为身边的同学都不如自己等。最后他父母带他去某医院心理科进行治疗，这位男生被诊断为重度躁狂症，经与他及其家人沟通后，办理了休学。

案例分析：上述案例中的学生在遇到问题时，由于自己没有进行正确的自我调适，父母也没有给予重视，最后病情加重，给自己和家人都带来了难以磨灭的伤痛。

当常见的心理问题得不到及时有效的解决时，就会变得愈发沉重，甚至发展到无法承受的程度，会给家庭和个人带来摧毁性的打击。它使很多人经受痛苦的折磨，给人们造成的损失不可估量。所以，我们应全面认识那些常见的心理问题，认真思考它为什么会产生，只有分析背后的因果关系，找到解决问题的方法，才能够战胜它们。

知识百科

1.青少年常见心理问题自我调适的方法有哪些？

自我调适（图3-1）的方法主要包括：发泄法、倾诉法、转移法、改变认知法。

图 3-1　自我调适

2. 什么是抑郁症？

抑郁症（图 3-2）是一种常见的精神疾病，主要表现为情绪低落、兴趣减低、悲观、思维迟缓、缺乏主动性、自责自罪、饮食无规律、睡眠质量差、担心自己患有各种疾病、感到全身多处不适，等等，严重者可出现自杀念头和行为。

图 3-2　抑郁症

3．什么是焦虑症？

焦虑是一种保护性情绪反应，任何人都可以体验到。焦虑症是以焦虑为主要特征的神经症。表现为没有事实根据，也无明确客观对象和具体观念内容的提心吊胆、恐惧不安的心情，还有植物神经症状和肌肉紧张以及运动性不安。

4．什么是强迫症？

强迫症（图 3-3）是一组以强迫症状（主要包括强迫观念和强迫行为）为主要临床表现的神经症。

图 3-3 强迫症

问题解析

1．患上抑郁症该怎么办？

（1）及时找心理咨询师进行咨询，或直接去医院神经科请医生诊治。

（2）治疗的同时还要注意，多与周围人接触，尽量避免独处。

（3）在身体条件允许的情况下，多参加各种文体活动，如登山、跑步、打乒乓球、跳绳等。

2．经常感到焦虑不安，我该怎么办？

如果长期感到紧张不安、恐惧、失眠、胸闷、心跳加速、出汗、手抖等，甚至常有胸闷、窒息感等身体症状；或没有明显原因即发作，且延续时间较长，请尽快求助专业心理辅导老师进行初步心理评估和心理辅导。

（1）增强安全感。长期处于焦虑状态的人，一般都是因为缺乏安全感，总是担心有什么事情发生。增强安全感，可以缓解自己的焦虑情绪。

（2）增加自信心。没有自信的人，总是会怀疑自己完成和应付事情的能力，夸大自己失败的可能性，从而引发紧张和恐惧等负面情绪。

3．出门经常担心门有没有锁好，我是不是患强迫症了？

强迫现象不能等同于强迫症。强迫现象往往是日常生活中固定的行为习惯，虽然会重复，但终究能适可而止，一般不会影响人们正常的工作和生活，所以只能称为强迫症状。如睡觉前反复检查闹铃设置；下班前拔掉所有电源；出门时反复检查门锁（图3-4）；做完饭反复检查煤气罐的开关等。

图3-4　出门时反复检查门锁

出现强迫症状是令人苦恼的，我们可以试着从以下几方面做起：

（1）正确认识强迫症，早发现，早治疗。重视心理疾病，务必到正规医院精神科治疗。

（2）培养兴趣爱好，转移注意力，可以通过听音乐、唱歌、读书、运动等有益身心的方式宣泄强迫症带来的焦虑、痛苦、恐惧、无助等负面情绪。

（3）端正认识、树立信心，采取顺其自然的方法，让正常思维与强迫思维和平共处。

第四节　远离"黄、赌、毒"

案例回放

◎案例：远离黄色网站

李某曾经是家人眼里的乖孩子，老师眼里的乖学生，虽然学习成绩算不上特别好，但是属于那种对家长言听计从的孩子，从来不会在外面闯祸。从某种程度上来讲，李某的性格还有些内向，几乎没有异性朋友，也不怎么愿意和陌生人说话。

　　她妈妈给她买了计算机和手机后，她之前从来没有接触过的色情内容也随之而来。李某在通过手机上网时点击了色情网站，随后浏览了大量色情图片和性爱视频，渐渐地她便迷上了这些手机色情网站。终于，不该发生的事情还是发生了。自从她迷上手机色情网站后，此后的一个多月内，她几乎每天都会点击浏览，还会在QQ上与别人交流"心得"。正是通过这种方式，李某在网上认识了一个网名为"忧郁"的男孩。认识不久后两人见面偷吃了禁果。

　　事实上，李某至今都不知道"忧郁"家住哪里，是哪个学校的。她只记得对方19岁，连真实名字都不知道。"我当时就觉得新鲜好玩，自己也想尝试，至于后果，我从来没有考虑过。"

　　直到最近，因为例假迟迟不来，李某到医院一查，已有近三个月的身孕，这时她才感到害怕。接到李某的电话，男孩顿时就吓傻了，说自己考虑一下就挂了电话，之后再也没接过李某的电话。

　　怎么办？李某最终决定找妈妈帮忙。妈妈赶紧带着她来到医院，做了流产手术。

知识百科

1. 侵害青少年身心健康的色情载体有哪些？

侵害青少年身心健康的色情载体主要有色情小说、黄色网站、色情视频等。

2. 网络淫秽色情信息的传播特点是什么？

（1）具有欺骗性。

（2）具有虚拟性。

（3）具有仿真性。

3. 网络淫秽色情信息对青少年的危害主要表现在哪些方面？

（1）使青少年道德滑坡、心理畸形、生活颓废，甚至犯罪率上升。

（2）引发青少年网瘾、神经衰弱等精神疾病，极大地影响青少年的学习。

（3）严重腐蚀青少年的价值观和心灵。

问题解析

1．如何杜绝色情网络的侵害？

（1）目前，为避免学生对手机的过度依赖，不少地方都推出绿网手机，自动对不良网站进行过滤。

（2）上网时，对网络上弹出的色情小窗口，控制自身的好奇心，不点击，不进入。

（3）如果身边的同学中有人观看黄色视频或书刊，不要参与，要主动向老师汇报，杜绝不良视频或书刊的传播。

2．引诱、容留、介绍卖淫罪会受到什么样的法律制裁？

《中华人民共和国刑法》第三百五十九条第一款规定：引诱、容留、介绍他人卖淫的，处五年以下有期徒刑、拘役或者管制，并处罚金；情节严重的，处五年以上有期徒刑，并处罚金。

案例回放

◎**案例：远离赌博**

难以想象，校园附近生意红火的小卖部里，实际上暗藏玄"机"。有一种机器，披着游戏机的诱人外表，却有赌博机的危害"内核"。例如，"捕鱼机"里收获的不是操作捕鱼游戏的快乐，而是赌瘾的滋生。

2016—2017 年，张某先后与多家超市店主商议后，在各超市内共计放置老虎机 9 台、捕鱼机 1 台，每台机器均设有 1 个供 1 人独立进行赌博活动的基本操作单元，以退币的方式供他人进行赌博活动。

其中，张某在某中学附近李某经营的超市内，放置老虎机 1 台、捕鱼机 1 台，经查，2 台机器内共起获 1 元硬币 1 080 枚。经鉴定，涉案老虎机、捕鱼机均为赌博机。

法院判决：

2018 年 1 月 4 日，北京市平谷区人民法院认定被告人张某犯开设赌场罪，判处有期徒刑 8 个月，罚金 5 000 元；被告人李某犯开设赌场罪，判处有期徒刑 6 个月，缓刑 1 年，罚金 3 000 元。

知识百科

1. 赌博的形式有哪些？

（1）网络游戏赌博，如钓鱼、挖矿等游戏。

（2）网络平台赌博，如通过充值才能进入的各类棋牌网站。

（3）社会上各类棋牌娱乐会所，朋友、同学之间聚集在一起以输赢为目的的赌博行为。

2. 赌博对青少年的危害有哪些？

（1）严重影响学业，参加赌博的学生，必然会分心，无法好好学习，使学习成绩下降。这些青少年因缺乏学习的毅力和进取心而继续堕落下去，最终可能面临被学校开除的风险。

（2）生理和心理受到伤害，参加赌博的青少年，精神长期处于兴奋、紧张、焦虑、恐惧状态；因赌博输钱后，会想方设法地去找钱，轻者使家庭经济受到侵害，重者家破人亡。

（3）赌博是一种犯罪行为，若被公安机关抓获，是要接受法律制裁的，轻则拘留，重则判刑。

问题解析

青少年染上赌瘾应该如何自救？

（1）避免出席任何赌博场合，培养其他可取代赌博的爱好，打消赌博的念头。

（2）控制精神压力，定期做运动（如缓步跑）及学习放松技巧（如冥想或瑜伽），或进行休闲活动（如听音乐、与朋友逛街），借此来舒缓紧张的情绪。

（3）养成记录的习惯，写日记可以帮助你了解自己的赌博行为，找出赌博的倾向和模式。例如，你可能发现，每当自己感到苦闷或失落、手上持有现金或需要用钱时，便会去赌博。这些记录便可帮助你找出抑制赌博的有效方法。

案例回放

◎案例：远离毒品

2010年7月5日，广西灌阳县的一名初中生，因吸食毒品过量而死亡。死亡的学生陈某，14岁，在桂林市灌阳县民族中学读初中，事发当天中午，陈某从学校回到家中，当时他坐在客厅沙发上，陈某的母亲在厨房里做饭。陈某妈妈回忆说："突然听到扑通一声，孩子从沙发上摔到了地上，看到他脚手都抽筋了，我马上跑出来把他扶在沙发上。"当时陈某口吐白沫倒在地上，四肢抽搐，神志不清，家人赶紧打了120急救电话。医生诊断："吸毒过量。"

经过几个小时的抢救，也没能留住陈某的生命。同时灌阳县公安局民警也来到医院为陈某做了尿检，证明他曾吸食毒品K粉，医院也认定陈某是过量吸食K粉而导致呼吸循环衰竭，并最终死亡的。

知识百科

1. 什么是毒品？

根据《中华人民共和国刑法》第三百五十七条规定：毒品是指鸦片、海洛因、甲基苯丙胺（冰毒）、吗啡、大麻、可卡因以及国家规定管制的其他能够使人形成瘾癖的麻醉药品和精神药品。

2. 毒品主要有哪几类？

毒品种类很多，范围很广，分类方法也不尽相同。从毒品的来源看，可分为天然毒品、半合成毒品与合成毒品三大类。天然毒品是直接从毒品原植物中提取的，如鸦片。半合成毒品是由天然毒品与化学物质合成而得的，如海洛因。合成毒品是完全用有机合成的方法制造的，如冰毒。

3．毒品有哪些危害性？

十二字：毁灭自己、祸及家庭、危害社会。

（1）毒品严重危害人的身心健康，给社会造成巨大的经济损失；

（2）毒品问题诱发其他违法犯罪，破坏正常的社会和经济秩序；

（3）毒品问题渗透和腐蚀政权机构，加强腐败现象。

4．染上毒瘾的人一般有哪些迹象？

（1）行动神秘鬼祟，频频借钱，瞳孔收缩，不愿见人，手臂上有注射针孔。

（2）面色灰暗、眼睛无神、食欲不振、身体消瘦，情绪不稳定、异常的发怒、发脾气、坐立不安、睡眠差。

（3）藏有毒品及吸毒工具，经常无故出入偏僻的地方与吸毒者交往。

5．《中华人民共和国刑法》规定的毒品犯罪的罪名有哪些？

（1）非法种植、持有、走私、贩卖、运输、窝藏、转移、制造毒品罪。

（2）非法提供麻醉药品、精神药品罪；引诱、教唆、欺骗他人吸毒罪。

（3）强迫、收留他人吸毒罪；包庇毒品犯罪分子罪。

问题解析

1．如何预防和抵制毒品的侵害？

（1）树立正确的人生观，不盲目追求享受、寻求刺激、赶时髦；接受毒品基本知识和禁毒法律法规教育，了解毒品的危害。

（2）不要听信毒品能治病，不结交有吸毒、贩毒行为的人；如发现亲朋好友中有吸毒、贩毒行为的人，一要劝阻，二要远离，三要报告。

（3）即使自己在不知道的情况下，被引诱、欺骗吸毒一次，也要珍惜生命，不吸第二次，更不能吸第三次。如果觉得自己不能控制，要及时到当地的戒毒所戒毒。

2. 走私、贩卖、运输、制造贩卖毒品罪会受到什么样的法律制裁？

《中华人民共和国刑法》第三百四十七条规定：走私、贩卖、运输、制造毒品，无论数量多少，都应当追究刑事责任，予以刑事处罚……走私、贩卖、运输、制造鸦片不满二百克、海洛因或者甲基苯丙胺不满十克或者其他少量毒品的，处三年以下有期徒刑、拘役或者管制，并处罚金。

3. 容留他人吸毒会受到什么样的法律制裁？

《中华人民共和国刑法》第三百五十四条规定：容留他人吸食、注射毒品的，处三年以下有期徒刑、拘役或者管制，并处罚金。

第五节 远离邪教

案例回放

◎案例一：因痴迷邪教而杀人

2003年5月25日—6月27日，浙江省苍南县法轮功痴迷者陈某连续投毒杀人，导致17人死亡。据办案民警介绍，陈某曾于6月11日向上学途中的4名小学生发送瓶装的甲胺磷农药，并称这是"口服液"。陈某之所以一而再、再而三投毒杀人，据他自己供述是"李洪志'师父'点化"，他的所谓"反修"就是通过"杀生"来"提高自己的功力，达到修炼的最高境界"。

◎案例二：因痴迷邪教而杀死亲生女儿

黑龙江省绥化市美溪区法轮功痴迷者关某亲手掐死亲生女儿更加让人不可思议。2002年4月22日，关某受邪教法轮功歪理邪说的精神控制，不让女儿戴某上学，并对周围人说戴某身上附上了"魔"，不除掉就会贻害无穷，与其他法轮功痴迷者合力将女儿掐死。

知识百科

1. 邪教是什么？

邪教指的是以宗教等名义建立的组织，主要特点是神化首要分子，利用特殊的手段散播一些迷信、谣言、邪说，用来蛊惑他人的非法组织。

2. 哪些教会属于邪教？

邪教会随着时代的更迭，而不断地产生和消亡，目前熟知的对国人伤害较深的邪教有法轮功、全能神、观音法门、血水圣灵、呼喊派、三班仆人派、统一教、被立王、门徒会、全范围教会、灵灵教、新约教会、主神教等。

3. 邪教法轮功的特征是什么？

（1）强调"消业"不吃药，妄谈"法身"吓唬人，修到"圆满"可升天。

（2）垃圾邮件扰民心，电话恐吓普通人，攻击卫星毁设施。

（3）"神韵"晚会编"神迹"，打着幌子宣邪说，聚敛钱财骗世人。

（4）炒作热点敏感事，捏造"活摘""集中营"，鼓吹"三退"保平安。

4. 邪教全能神的特征是什么？

（1）奉立"女基督"，实则为情妇；宣扬"末日论"，制造大恐慌。

（2）上门传福音，诱骗入邪教；加入发毒誓，书写"保证书"。

（3）活动很诡秘，不用真姓名；"奉献"实敛财，暴力阻退教。

5. 邪教观音法门的特征是什么？

（1）标榜"清海无上师"，自称"明师""救世主"。

（2）鼓吹"吃素救地球"，师父"印心"可"开悟"。

（3）"以商养教"干"事业"，秘密建立"共修"点。

（4）高价购买"天衣"物，号召信徒奉钱财。

（5）打着旗帜反佛教，煽动反对共产党。

6．邪教血水圣灵的特征是什么？

（1）要求信徒称创使人为"老爸"，男为"使者"、女为"使女"；制定苛刻"切结书"，信徒签字"宣誓书"。

（2）恐吓世人"大审判"，加入组织能逃避；聚会地点临时通知，成员见面用暗语。

（3）推进骨干年轻化，培养年轻"传教人"；信徒成立"生意组"，疯狂收取"奉献金"。

7．邪教呼喊派的特征是什么？

（1）假借佛教理论，宣传"直接来源于佛，是佛显像传法"，开发"遥诊、遥治、预测"等特异功能。

（2）积极向学生渗透，称"应该从儿童做起，培养小菩提子"。

（3）近年来，频繁在中国周边举办"法会"，吸引和组织境内信徒出境聚会。

8．宗教与邪教的区别。

宗教心系国家，邪教祸乱社会；宗教坚定信仰，邪教个人崇拜。
宗教乐善好施，邪教非法敛财；宗教仁爱向善，邪教毁人不倦。
宗教信仰自由，邪教威逼利诱；宗教公开传教，邪教秘密结社。
宗教传承经典，邪教编造邪说。

问题解析

1．有人向你宣传邪教怎么办？

坚决拒绝，及时报警。

2．有人送你邪教宣传品怎么办？

不要随便丢掉，及时上交，并报警或将邪教人员扭送至派出所。

3．发现邪教标语、条幅时怎么办？

保护现场，及时报警。

4．发现写有邪教宣传内容的人民币（反宣币）怎么办？

不要使用，尽快到银行兑换。

5．有人通过电话向你宣传邪教时怎么办？

不听、不信、不传，记住电话号码或继续保持通话，拖延对方时间，及时报警，便于公安机关查找线索。

6．遇到邪教人员纠缠时怎么办？

及时报警。

7．在互联网上发现邪教宣传内容时怎么办？

不听、不看、不转发，及时报警。

8．面对邪教成员的金钱、色情等诱惑时怎么办？

提高警惕，不要因"小利"失"大义"。

9．被邪教势力包围，人身受攻击或精神受伤害时怎么办？

及时跟家人、朋友说明情况，争取社区或村委会的帮助，并采取灵活的方式报案，努力避免恶性案件发生。

10．在境外旅游时遭遇邪教骚扰怎么办？

漠然视之，避而远之。不接受或购买邪教组织宣传品，不接受邪教人员采访、合影要求，若有邪教人员纠缠或到旅游车上散发宣传品，可通过导游向当地旅游部门投诉，不带任何邪教宣传品回国。

11．如何帮助涉邪教人员？

关爱、接触、阻邪、举报、控财。

12．制作、传播邪教宣传品应受何种处罚？

为依法惩治利用邪教组织破坏法律实施等犯罪活动，根据《中华人民共和国刑法》等有关规定，制作、传播邪教宣传品，达到下列数量标准之一的：

（1）传单、喷图、标语、报纸一千份（张）以上的，书籍、刊物二百五十册以上的；

（2）录音带、录像带等音像制品二百五十盒（张）以上的，标识、标志物二百五十件以上的；

（3）横幅、条幅五十条（个）以上的，光盘、U盘、储存卡、移动硬盘等移动存储介质一百个以上的。

处三年以上七年以下有期徒刑，并处罚金；数量或者数额达到相应标准五分之一以上的，处三年以下有期徒刑、拘役、管制或者剥夺政治权利，并处或单处罚金；数量或者数额达到相应标准五倍以上的，处七年以上有期徒刑或者无期徒刑，并处罚金或者没收财产。

13．利用通信信息网络宣扬邪教应受何种处罚？

利用通信信息网络宣扬邪教，具有下列情形之一的：

（1）制作、传播宣扬邪教的电子图片、文章二百张（篇）以上，电子书籍、刊物、音视频五十册（个）以上，或者电子文档五百万字符以上、电子音视频二百五十分钟以上的；

（2）利用在线人数累计达到一千以上的聊天室，或者利用群组成员、关注人员等账号数累计一千以上的通信群组、微信、微博等社交网络宣扬邪教的；

（3）编发信息、拨打电话一千条（次）以上的；邪教信息实际被点击、浏览数达到五千次以上的。

处三年以上七年以下有期徒刑，并处罚金；数量或者数额达到相应标准五分之一以上的，处三年以下有期徒刑、拘役、管制或者剥夺政治权利，并处或单处罚金；数量或者数额达到相应标准五倍以上的，处七年以上有期徒刑或者无期徒刑，并处罚金或者没收财产。

14．邪教组织致人重伤、死亡应受何种处罚？

（1）致一人以上死亡或者三人以上重伤的，处三年以上七年以下有期徒刑，并处罚金。

（2）具有下列情形之一的，处七年以上有期徒刑或者无期徒刑，并处罚金或者没收财产：①造成三人以上死亡的；②造成九人以上重伤的；③其他情节特别严重的情形。

（3）蒙骗他人、致人重伤的，处三年以下有期、拘役、管制或者剥夺政治权利，并处或者单处罚金。

15．哪几种邪教犯罪情节要从重处罚？

（1）建立邪教组织机构，发展成员或者组织邪教活动的；与境外机构、组织、人员勾结，从事邪教活动的。

（2）在重要公共场所、监管场所或者国家重大节日，公开进行邪教活动的；邪教组织被取缔后，仍公然进行邪教活动的。

（3）国家工作人员从事邪教活动的；向未成年人、学校或者其他教育培训机构宣扬邪教的。

16．哪些情形可以举报？

（1）制作、散发、张贴、喷涂、传播邪教宣传品的；鬼鬼祟祟，秘密聚会，乱唱乱跳，乱跪乱拜的。

（2）利用通信信息网络宣扬邪教的，如电话、短信、QQ、微信、微博等。

（3）发现亲友家属、邻居以及本人认识的人员涉邪要举报。

17. 举报方式有哪些？

（1）电话举报：110。

（2）信件举报：举报内容应尽可能具体、翔实，可邮寄至当地公安机关或政府部门。

（3）当面举报：举报人自愿当面举报，可到当地公安机关当面举报线索。

（4）微信举报：关注《警钟》微信公众号，将邪教活动的地点、时间、人员、照片以及举报者的联系方式等信息，以微信形式发送至微信公众号。

第六节 艾滋病的防控

案例回放

◎案例：约见陌生人险酿恶果

某位男中学生，通过手机软件"摇一摇"联络上一位女性，两人约在餐厅见面，并且有一些肢体交流，后得知该女性得了艾滋病，该男生因非常害怕自己感染艾滋病而选择自杀，被救下之后才得知所谓的"感染艾滋病"是一场乌龙，自己并未感染。

案例分析：上述案例中的男生见面会友，双方发生了肢体接触，险些造成难以想象的后果。第一，他在不了解对方身体状况时，就与对方进行了肢体交流，险些酿成恶果。第二，他不应该在自己心智尚未成熟的时候就在网上与他人交友并发生关系，不做任何保护措施，不爱惜自己的身体。第三，他不懂得适当交友的重要性，也没有正确地与他人构建良好的关系。

中学生应加强对艾滋病的认识，了解艾滋病的传播途径及预防措施。青少年是接受艾滋病预防健康教育的重点人群，学校通过介绍预防艾滋病的基本知识，做好预防艾滋病的健康教育工作，可以保护青少年这个重点人群现在和将来的健康。

知识百科

1．什么是艾滋病？

艾滋病全称是获得性免疫缺陷综合征，英文名缩写为 AIDS。艾滋病由艾滋病病毒（HIV）传播，HIV 是一种能够攻击人体免疫系统的病毒，它把人体免疫系统中最重要的 T 淋巴细胞作为攻击目标，并对其进行大规模破坏，使人体丧失免疫功能，发生一系列不可治愈的感染和肿瘤，最后导致患者的死亡。对于艾滋病，目前尚无特效治愈药物和预防疫苗。

2．艾滋病的临床症状有哪些？

艾滋病临床上分为三个时期，即急性期、无症状期和艾滋病期。

感染艾滋病后 2 周左右会出现急性期症状，主要症状有发热、头痛、淋巴结肿大、咽痛、乏力、肌肉关节痛、腹泻、盗汗、体重下降，一些人还有口腔溃疡、恶心、呕吐和神经系统症状。

急性期症状持续 1 ～ 3 周可以自行缓解，然后进入无症状期，平均时间为 6 ～ 8 年。无症状期后进入艾滋病期，常见症状包括持续 1 个月以上的低热、盗汗、腹泻、体重下降 10% 以上及各种感染的相关症状。

3．艾滋病传播的途径有哪些？

艾滋病的传播途径（图 3-5）有三种：性传播、血液传播和母婴传播。

（1）性传播：与已感染的伴侣发生无保护的性行为，包括同性、异性和双性性接触。

（2）血液传播：血液传播是感染艾滋病最直接的途径。输入被艾滋病病毒污染的血液，使用被污染而又未经严格消毒的注射器、针灸针、拔牙工具，都是十分危险的。

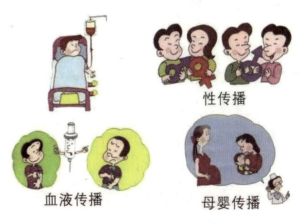

图 3-5 艾滋病的传播途径

（3）母婴传播：如果母亲是艾滋病感染者，那么她很有可能会在怀孕、分娩过程或是通过母乳喂养使她的孩子感染艾滋病。

问题解析

如何预防艾滋病感染？

目前尚无预防艾滋病的有效疫苗，因此最重要的是采取预防措施。其方法如下：

（1）坚持洁身自爱，不卖淫、不嫖娼，避免高危性行为。

（2）严禁吸毒，不与他人共用注射器。

（3）到正规医院输血和使用血制品。

（4）不要与他人共用牙刷、剃须刀等个人用品。

（5）使用安全套是性生活中最有效的预防性病和艾滋病的措施之一。

（6）文身、文眉、修脚、拔牙时，使用一次性器具或严格消毒过的器具。

第七节 校园常见疾病的预防

案例回放

◎**案例：预防校园常见疾病的发生**

福田百花一个班级的学生陆续被发现身体出现红疹并起水泡。因最初感染的学生没有及时汇报病情，导致 15 名学生被证实患上水痘。学校启动卫生紧急情况预案，对有发病学生的班级停课 7 天。

某市某中学发现 54 例发热、咳嗽、咽痛病例，根据流行病学调查、临床表现以及专业实验室检测后证明，该疫情为一起由甲型流感病毒引起的流行性感冒。甲型 H1N1 流感的症状如图 3-6 所示。

案例分析：冬天和春天是流感、诺如病毒等所致的感染性腹泻等传染病的高发季节。呼吸道传染病是人体感染病毒、细菌、支原体、衣原体等引起的，以呼吸道症状为主的一类疾病。青少年人体适应能力较低，容易造成呼吸道传染病的蔓延扩散。因此学校应做到：

图 3-6　甲型 H1N1 流感的症状

（1）普及各类突发公共卫生事件的防治知识，提高广大学生和教职员工的自我防护意识。

（2）完善突发公共卫生事件的信息监测报告网络，做到早发现、早报告、早隔离、早治疗。

（3）建立快速反应和应急处理机制，及时采取措施，确保突发公共卫生事件不发生校园内蔓延。

知识百科

1．什么是流行性感冒？

流行性感冒（简称流感）是流感病毒引起的急性呼吸道感染，也是人类目前为止还不能有效操控的世界性流行病，是我国重点防治的流行病之一，它是由流感病毒引起的急性呼吸道流行病，传染性强，传播速度快。

2．什么是水痘？

水痘是一种急性传染病，由水痘带状疱疹病毒引起，会导致全身性斑疹、丘疹、疱疹及结痂等症状。该病传染性极强，但结痂后无传染性。

3．什么是中暑？

中暑是人体在高温和热辐射的长时间作用下，机体体温调节出现障碍，水、电解质代谢紊乱及神经系统功能损害症状的总称，是热平衡机能紊乱而发生的一种急症。常与高温、高湿、无风环境三个因素有关。中暑症状如图3-7所示。

4．什么是肺结核？

结核病是由结核分枝杆菌引起的慢性传染病，可侵及许多脏器，以肺部结核感染最为常见。排菌者为其重要的传染源。人体感染结核菌后不一定发病，当抵抗力降低或细胞介导的变态反应增高时，才可能引起临床发病。若能及时诊断并予合理治疗，大多可获临床痊愈。肺结核症状如图 3-8 所示。

图 3-7　中暑症状

图 3-8　肺结核症状

问题解析

1．如何预防流行性感冒？

（1）保持良好的个人及环境卫生。

（2）勤洗手，使用肥皂或洗手液并用流动水洗手。

（3）打喷嚏或咳嗽时要用手帕或纸巾掩住嘴巴和鼻子，避免飞沫污染别人。流感患者在家或外出时佩戴口罩，以免感染别人。

（4）均衡饮食、适量运动、保证足够的休息时间，防止过度疲惫。

2．如何预防水痘？

（1）对运用大剂量激素、免疫功能受损和恶性病患者，在接触水痘 72 小时内可给予水痘—带状疱疹免疫球蛋白，能够起到预防作用。

（2）注射水痘减毒活疫苗。

（3）控制感染源：患者必须阻隔至皮疹全部结痂为止，托幼机构中触摸的易感者应检疫 3 周。

3．如何预防中暑？

（1）避免在高温下、通风不良处进行强体力劳动；避免穿不透气的衣物劳动。

（2）饮用含盐饮料以补充水和电解质的丧失。

（3）注意开窗通风，保持室内空气新鲜。

4．如何预防肺结核？

（1）控制传染源，及时发现并治疗。

（2）切断传播途径，注意开窗通风，注意消毒。

（3）保护易感人群，接种卡介苗，注意锻炼身体，提高自身抵抗力。

第四章　突发事件应对

第一节　校园突发事件应对

案例回放

◎案例：2004—2011年校园食物中毒事件数据分析

2004年，教育部发布消息称全国共报告108起校园食物中毒事件，其中中毒4 921人、死亡6人。2009年，卫生部办公厅通过网络直报系统共收到全国食物中毒类突发公共卫生事件报告271起，其中报告学生食物中毒37起，中毒2 261人、死亡2人，26起发生于学校集体食堂，中毒1 667人，死亡2人。2010年，卫生部办公厅收到食物中毒事件报告220起，其中报告学生食物中毒事件37起，中毒2 086人、死亡1人，26起发生于学校集体食堂，中毒1 541人，无死亡。2011年，卫生部办公厅收到食物中毒事件报告189起，其中报告学生食物中毒事件共30起，中毒1 901人、死亡1人，25起发生于学校集体食堂，中毒1 682人，无死亡。学生食物中毒事件的报告起数和中毒人数分别占全年总数的15.87%和22.84%。

案例分析：这些数据表明，校园公共卫生问题在我国具有一定的普遍性。这些事件的发生不仅对学校师生员工的健康造成了损害，更严重影响了家长及社会对学校的信任，造成了极大的负面影响。因此，相关部门应该：

（1）提高各级各类学校防控突发公共卫生事件的能力和水平，指导和规范各类公共卫生突发事件的应急处置工作。

（2）开展校园突发事件典型案例的学习，分析风险点，进行防控。

（3）开展校园突发事件安全知识教育，掌握正确的应对方法。

知识百科

1. 什么是校园突发事件？

校园突发事件是指在校园内突然发生的不可预料的严重危害师生安全，造成或者可能造成严重社会危害，破坏学校正常教学生活秩序，需要采取应急处置措施予以应对的事故灾难和社会安全事件。

2. 当面对校园突发事件时，我们应该怎么办？

（1）当犯罪分子持刀行凶、实施暴力侵害时，学生应该在第一时间向班主任、值班老师或校领导报告，并拨打110报警；如果学校宣布进入全面应急状态，学生应该积极配合老师参加应急救援行动；撤离至安全区域。

（2）当收到恐吓电话、短信或信件时，学生应该迅速调查清楚来电、来信人的身份和意图，维护学校和相关人员安全。

①在第一时间，向班主任、值班老师或校领导报告，并拨打110报警。因个人纠葛收到恐吓电话、短信或信件的人，若事件有可能影响个人人身安全或学校安全，则必须向学校突发事件应急处理部门报告。

②收到匿名恐吓电话时，要保持镇静，不要马上拒绝来电人的无理要求，通过商谈的形式延长通话时间，尽可能从对方获得更多的信息。有来电显示的电话机应记下对方的电话号码，否则可用写字条、做手势的方法示意身边的人员，向电信局查询电话号码，有条件的可对恐吓电话录音。

③当收到匿名的恐吓电话和信件时，应当立即向学校报告，争取警方尽快加入事件调查，对于破案的计划和策略要保密。

3. 当校园内发现可疑分子时，我们应该如何处理？

这一应急处理程序的要点是：迅速采取措施，控制可疑分子。

（1）在校园内发现形迹可疑、四处游荡、可能作案的可疑分子，在第一时间向班主任、值班老师或校领导报告。

（2）若此人自述进入学校的目的明显缺乏可信度，无人证、物证可以证明，甚至说话前后矛盾、蛮不讲理，或者有证据表明此人是危险分子或犯罪嫌疑人，应当立即拨打 110 报警，由警方进一步调查。

（3）若可疑分子在被盘问时夺路逃跑，应将其相貌、身高、衣着及其他特征和逃走方向向警方报告。

（4）在整个过程中，应当采取切实有效的措施，防范可疑人物使用暴力，以确保自身的安全。

4．当校园内发现可疑邮包或可疑物品时，我们应该如何应对？

可疑邮包（图 4-1）是指邮戳异常（寄包人地址与邮戳地址不符）、字体奇特、打印粗劣以及收件人姓名、形状、重量、气味、包装、邮包内的声音等异常。可疑物品是指外表、重量、气味可疑，不是本校的，也从未看到过，不知有何用途，也不知为何会摆放在校园内某处的物品。

图 4-1　可疑邮包

（1）收到可疑邮包或发现可疑物品的任何个人都应当在第一时间向学校报告。

（2）发现可疑邮包和可疑物品的任何人员，都不应当试图打开或随意摆弄它。要禁止在周围吸烟或使用手机、对讲机或发动机动车辆等。

（3）学校应当指定有专业知识和经验的人员进行初步鉴别，判断是不是危险物品。若不能排除其危险性，应当立即拨打 110 报警，请警方专业人员进行检测和处理。

（4）若可疑邮包或可疑物品被警方确定为危险物品，应当立即在其周围设置警戒线，马上撤离，并采取严密的防范措施。

（5）应当配合警方在校园内其他区域搜寻检查，确定在校园内是否还有其他可疑物品。

5. 当突发校园公共卫生事件时，我们应该如何应对？

突发性公共卫生事件，具有起病急、传播迅速等特点，对师生的身体健康和社会安定会造成一定影响。为确保疫情能够得到及时、迅速、高效、有序的处理，保障师生身体健康，维护社会稳定，根据《全国突发公共卫生事件应急预案》的规定，将突发事件的等级分为一般突发事件、重大突发事件和特大突发事件。学校根据突发事件的不同级次分类，结合自身的特点，必要时启动相应的突发事件应急预案，做出相应应急反应（图4-2）。

图4-2 应对突发校园公共卫生事件

6. 当校园发生群体性斗殴事件时，我们应该如何应对？

（1）获得群体性斗殴事件信息的任何个人都应当在第一时间向学校报告。若事态已经失控或后果严重，应立即拨打110报警（图4-3）。

图4-3 校园发生群体性斗殴事件时，拨打110报警

（2）若有校外人员参与斗殴，应帮助老师设法不让他们逃离。

（3）若斗殴者手中有器械，应帮助老师首先收缴所有斗殴器械。

（4）若有学生受伤，应立即帮助其进行救治，或拨打 120 送医院，并及时与家长联系。

（5）在现场可控的情况下，可分离斗殴双方，避免事态进一步恶化。

7．当校园发生火灾事件时，我们应该如何应对？

（1）获得火灾信息的任何个人都应当在第一时间向学校报告，并同时拨打 119 报火警（图 4-4）。

图 4-4　校园发生火灾时，拨打 119 报火警

（2）听从学校应急处理救援行动小组的指挥，选择合适的疏散路线紧急疏散。

（3）在初起火点现场的学生，要使用消防栓、灭火器材等进行灭火自救。

（4）如果在火灾中受伤，要马上接受治疗。

（5）火灾扑灭后，必须在学校解除警戒线后才能回到现场。

8．当校园发生群体性食物中毒事件时，我们应该如何应对？

（1）发现师生出现食物中毒症状的任何个人都应当在第一时间向学校报告。

（2）停止食用造成食物中毒或者可能造成食物中毒的食品。

（3）立即对有食物中毒症状的学生进行医治；有明显或严重症状的学生，立即送医院救治。

（4）及时与患病学生的家长或亲属联系。

（5）配合学校做好善后工作，维护正常教学生活秩序。

9．当校园发生楼梯踩踏和坠楼事件时，我们应该如何应对？

（1）发现楼梯踩踏和坠楼事件的任何个人都应当在第一时间向学校报告（图4-5）。

图4-5　发现楼梯踩踏事件，及时报告学校

（2）如果在现场，必须在原地站立不动，不能向前移动。如外走廊或楼梯扶栏已损坏，应当尽可能朝里站。

（3）有秩序地向后移动，为楼梯上的人员让出空间，为营救创造条件。

（4）救护人员应当全力抢救受伤人员，对危重伤员进行急救，并拨打120求援。

（5）应当在事件现场设置警戒线，维护现场秩序，避免拥挤和混乱，并为救援人员让出通道。

10．当校园发生体育伤害事件时，我们应该如何应对？

（1）发现学生在体育活动中受伤时应当立即向当班体育老师和学校报告。

（2）应当立即送学生去医务室救治，如校医认为有必要，立即送医院救治。

（3）下肢受伤的学生，不可让其自己行走，必须背运；胸闷、晕倒的学生不可背运，必须抬送。对颈椎、腰椎骨折学生不宜推动，应请骨科专业医生协助。

（4）应当了解，在学生受伤的过程中，是否有人对事故的发生和扩大负有责任，还应了解学生的体质是否适合进行该项体育活动。

11．当校园发生触电事件时，我们应该如何应对？

（1）发现触电事件的任何个人都应当在第一时间抢救触电者，并让在场人员拨打120求援（图4-6），同时向学校报告。

图 4-6　发现触电者，拨打 120 求援

（2）触电解脱方法。

①切断电源。

②若一时无法切断电源，可用干燥的木棒、木板、绝缘绳等绝缘材料解脱触电者。

③用绝缘工具切断带电导线。

④抓住触电者干燥而不贴身的衣服，将其拖开，切记要避免碰到金属物体和触电者裸露的身体。

注意：要预防触电者解脱后摔倒受伤。另外，以上办法仅适用于 220/330V"低压"触电的抢救。对于高压触电应及时通知供电部门，采用相应的紧急措施，以免发生新的事故。

12. 当校园发生暴雨雷击事件时，我们应该如何应对？

（1）暴雨来临时（图 4-7），若发现险情，立即向学校报告，启动应急处理程序。

图 4-7　暴雨来临时

（2）若房屋内漏雨，应当切断电源，有秩序地在老师的引导下转移到安全地方。

（3）若有雷电，应当尽可能地切断除照明以外重要的设施设备的电源，防止电器在打雷时遭到雷电侵袭。

（4）若暴雨造成宿舍进水、学校积水，应当尽可能防止厕所进水和溢水，防止水污染，并配合学校做好消毒和清洁工作。

（5）应当在老师的引导下有秩序地转移，避免推挤踩踏，堵塞通道。

13. 当发生安全交通事件时，我们应该如何应对？

（1）接受交通安全常识的宣传教育，时刻提醒自己进出校园和经过马路时要注意交通安全，特别是在外出时，防止交通事件的发生。

（2）学生在校外马路上发生交通安全事件，要及时拨打110报警并保护好现场。

（3）发生紧急情况，要注意按照应急疏散指示、标志和图示合理正确地疏散人员。

14. 当发生溺水事件时，我们应该如何应对？

（1）自觉接受游泳安全教育。

（2）要掌握有关防溺水、自救等知识，在紧急情况下，能够进行简单的处理。

（3）一旦发生学生溺水事件，应在第一时间内报警、组织施救，同时向学校报告。

（4）如有伤者，应及时送到最近的医院救治。

第二节 "校园欺凌"的防范

案例回放

◎案例：防范"校园欺凌"事件

2019年4月12日16时40分，某派出所接到辖区某学校报案称该校附近发生一起在校学生被殴打事件。该派出所民警迅速赶到现场处置，并将犯罪嫌疑人潘某、柳某传唤回该派出所调查取证。经查，潘某（男，17周岁，辍学，无业）因个人琐事对柳某（男，该校在校生，系未成年）心生不满，分别于2019年3月底、4月5日在校外先后对柳某进行殴打，并于2019年4月12日胁迫柳某在校外对刚好路过的陈某（男，该校在校生，系未成年）进行殴打，后又自己动手殴打陈某。

案例分析：根据《中华人民共和国刑事诉讼法》《中华人民共和国治安管理处罚法》等相关规定，决定对上述涉案人员做出如下处理：潘某的行为已经构成寻衅滋事，且其已满16周岁，目前已被某公安分局刑事拘留；柳某的行为已经构成殴打他人，但因其不满14周岁不予处罚，并责令其监护人严加管教。

关心关爱未成年人是全社会的共同责任，希望社会各界加强对辖区内学校的防欺凌知识以及相关法律法规的宣传教育，对个别思想偏激的学生进行走访并加强思想教育，防止再次发生类似事件。

知识百科

1. 什么是校园欺凌？

校园欺凌是发生在校园（包括中小学校和中等职业学校）内外、学生之间，一方（个体或群体）单次或多次蓄意或恶意通过肢体、语言及网络等手段实施欺负、侮辱，造成另一方（个体或群体）身体伤害、财产损失或精神损害等的事件。在实际工作中，要严格区分学生欺凌与学生间打闹嬉戏的界定，正确合理地处理。

2. 哪些行为属于校园欺凌？

（1）给受害者取侮辱性绰号，指责受害者无用、侮辱其人格等。

（2）对受害者进行重复性的物理攻击。拳打脚踢、掌掴拍打、推撞绊倒、拉扯头发，使用管制刀具、棍棒等攻击受害者。

（3）损坏受害者的个人财产、教科书、衣裳等，或通过它们嘲笑受害者。

（4）传播关于受害者的消极谣言和闲话。

（5）恐吓、威迫受害者做他或她不想要做的，威胁受害者跟随命令。

（6）让受害者遭遇麻烦，或令受害者招致处分。

（7）中伤、讥讽、贬抑评论受害者的体貌、性取向、宗教、种族、收入水平、国籍、家人或其他。

（8）分派系结党：孤立或排挤受害者。

（9）敲诈：强索金钱或物品。

问题解析

学生应如何加强自我保护，以防止欺凌事件的发生？

1．保持低调

学习用品、穿着打扮最好与其他学生差不多，学会低调，太招摇了容易引起别人的嫉妒心，可能陷入危险。

2．避免冲突

对于那些平时就很霸道的学生，要尽量远离，不要去招惹他们，尽可能不要与其他同学有冲突，起码不能自己去挑起冲突，如果有什么问题要及时报告老师，让老师处理。

3．和其他同学一起回家

如果总是一个人回家，容易成为校园欺凌的对象，所以，放学的时候最好能和其他同学一同回家，路上不要玩耍逗留，直接回家。

4．不要去偏僻的地方

出门在外一定要注意避免去偏僻、人少的地方，一旦被侵犯者堵在偏僻之处，会求助无门，没有人能给予帮助。

5．加强体育锻炼

在平时应多做运动，让自己的身体强壮起来，一般侵犯者大都是找那些身体瘦弱的人，他们是欺软怕硬的，最好是进行自卫训练，这样就不怕被人欺凌了。

当然，也不能去欺凌别人。

6．不默默忍受

如果不慎遭到欺凌，不要默默忍受，要不然只会让侵犯者变本加厉，这时要懂得反抗，如果在公共场合被胁迫，可以尝试向路人呼救，如果已经被带到封闭的地方，则要学会迂回，可以假装迎合对方，然后伺机逃脱，事后一定要告诉老师和家长。

第三节　"四防"的预防与应对

◎案例：多次盗窃终获刑

某市人民法院经审理查明，2010 年 8 月，被告人邓某某、王某某伙同张某某等人（均另案处理），在该市多个乡镇采取翻墙入室等手段共同盗窃作案 5 起。其中，被告人邓某某参与作案 3 起，窃得电动自行车、法兰、电焊机焊线等物品，合计价值 13 487 元，被告人王某某参与作案 3 起，窃得电动自行车、摩托车等物品，合计价值 4 877 元。其中，被告人邓某某、王某某共同作案 1 起，窃得电动自行车 1 辆，价值 1 360 元。案发后，部分被害人及被害单位分别向市公安局报案。2010 年 8 月 14 日，市公安局城南派出所在例行检查过程中，在两被告人租住房内发现了涉案的赃物电动车 2 辆、摩托车 1 辆、法兰 45 只等物品，遂对两被告人传唤盘问，被告人邓某某如实供述了自己及被告人张某某、王某某的全部盗窃犯罪事实。公安机关另追回法兰 7 只，查获赃物已发还被害人及被害单位。

法院判决：市人民法院经审理认为，被告人邓某某、王某某以非法占有为目的，秘密窃取他人财物，被告人邓某某盗窃数额巨大，被告人王某某盗窃数额较大，其行为均已构成盗窃罪，依法应予惩处。被告人邓某某因形迹可疑被公安机关传唤后如实供述自己的犯罪事实，系自首，依法可以从轻或减轻处罚。对于被告人邓某某提出的其归案后检举揭发被告人王某某伙同张某某盗窃的其他犯罪事实，构成立功，依法可以从轻或减轻处罚的辩护意见，经查具有事实和法律依据，予以采纳。两被告人均系初犯，当庭自愿认罪，且已追回大部分赃款发还被害人，可对两被告人酌情从轻处罚。综上，对被告人邓某某减轻处罚，对被告人王某某从轻处罚。判决：

（1）被告人邓某某犯盗窃罪，判处有期徒刑 2 年 6 个月，并处罚金 6 000 元；

（2）被告人王某某犯盗窃罪，判处有期徒刑 1 年，并处罚金 3500 元；

（3）被告人邓某某未退赃物法兰 30 只、电焊机焊线 105 米（或折价款 5 889 元），予以继续追缴。

问题解析

1．如何妥善保管自身的贵重物品？

（1）手机、身份证、数码相机、笔记本电脑、黄金首饰等贵重物品不用时，最好锁在柜子里。

（2）银行卡丢失后，应立即到银行挂失。

（3）离校时应将贵重物品带走或托可靠人保管，不可留在宿舍。

（4）住低层楼房的学生，睡前应将现金及贵重物品锁入柜子，防止被"钓鱼竿"钩走。

2．如何妥善保管自己的重要证件？

（1）要注意银行卡、饭卡等不要与自己的身份证、学生证等证件放在一起，要有意识地将这几类物品分开保管，以免同时被盗后有人用身份证冒领存款等。

（2）保管各类有价证、卡最好的方法，就是放在自己贴身的衣袋中。

（3）如果参加体育锻炼等活动必须脱外衣时，保管好自己的钥匙。

3．如何预防室内物品丢失？

（1）一定要养成随手关好门窗的习惯，注意保管好自己的钥匙，做到宿舍钥匙不离身、不随意外借、养成不乱扔乱放钥匙的习惯。

（2）在离开宿舍、教室、实验室时，要随手关门，哪怕只离开几分钟也不能例外。

（3）学校的实验室、计算机房等重要场所，也应做到换人换锁，防止钥匙失控和被盗事件。

4．如何防范外来人员的盗窃行为？

（1）如果在学生宿舍发现可疑人员，应保持高度警觉，主动上前询问。

（2）若来人回答疑点较多、神色慌张，则需要进一步盘问，查看证件。

（3）如来人经盘问疑点很多、不肯说出其真实身份，就应一面由值班老师及学生干部与其谈话将他拖住，一面打电话给学校保卫部门，尽快盘查弄清情况。

案例回放

◎案例：向多人勒索钱财构成犯罪

2004 年 11 月的一天下午，李某伙同邹某（15 岁，男）、杨某（16 岁，男）等人向某中学学生刘某索钱未果后，对刘某拳打脚踢，其中杨某还用尼龙袋缠成绳子勒刘某的脖子，最后从刘某的身上搜得 5 元；2005 年 3 月的一天下午，李某（15 岁，男）伙同邹某等人窜到镇政府前面的草坪处，看见某中学的学生小邹，遂用削铅笔的小刀威胁小邹，称若不给钱就划花小邹的脸，并拿一个酒瓶做出欲打小邹的样子，从小邹身上搜得 4 元。就这样，从 2004 年 11 月到 2005 年 4 月，3 名被告人多次采取暴力、威胁等手段对该县某中学的学生实行抢劫，受害学生达 60 多人。

法院判决：尽管 3 名被告均未成年，但《中华人民共和国刑法》第十七条规定："已满 16 周岁的人犯罪，应当负刑事责任。已满 14 周岁不满 16 周岁的人，犯故意杀人、故意伤害致人重伤或者死亡、强奸、抢劫、贩卖毒品、放火、爆炸、投毒罪的，应当负刑事责任。"3 人已涉嫌抢劫罪，仁化县检察院依法向法院提起公诉。

经仁化县人民法院开庭审理，被告人邹某、李某和杨某3人犯抢劫罪，分别被判处有期徒刑5年、4年零6个月和3年零6个月，分别并处罚金1000元。

问题解析

1. 校园抢劫有哪些特点？

（1）作案时间一般为师生休息或校园内行人稀少、夜深人静之时。

（2）抢劫案件多发生于校园比较偏僻、阴暗、人少的地带，一般为树林中、小山上、远离宿舍区的地方，或无路灯的人行道、正在兴建的建筑物内。

（3）抢劫对象主要是携带贵重物品的、单身行走的学生，特别是单身行走的女生，晚归无伴或少伴的、滞留于阴暗无人地带的学生等。

2. 校园抢劫的防范措施有哪些？

（1）不要在绿化带等偏僻地段行走；不外露或不向陌生人炫耀贵重物品。

（2）对陌生人不要过于亲近。

（3）如果夜间坐出租车回校，一定要坐在后座，发现异常要立即下车，记住车牌号，拨打110报警，不给坏人以可乘之机。

3. 校园抢劫的自我保护措施有哪些？

（1）遭遇抢劫，要大声呼救，一定要冷静，以保护自身安全为原则。

（2）对生命安全构成极大威胁时，要果断采取措施进行抗击。

（3）要善于与作案人较量。要巧妙地麻痹作案人。

（4）注意观察作案人的身体特征。案发后要及时报案。

案例回放

◎**案例：找兼职反被骗**

2014年2月28日16时许，小雅在宿舍上网时搜索到招聘兼职工作人员的页面并从中选择了一个帮网站刷信誉的兼职工作。之后，小雅加了对方的QQ，对方发过来一张表格，表格上是具体的交易金额和相应的报酬，接着对方又发来链接，是购买游戏卡的订单。小雅通过支付宝支付了订单显示的105元，交易成功后对方很快就返还了110元，接着对方又发来一个链接，订单是30张游戏卡，交易价格是3 150元，小雅用支付宝交易后，对方称卡单了，要求再刷新一次订单将它激活，小雅说自己没那么多钱，刷不了，对方立即将其拉黑，小雅发现自己被骗，损失3 150元。

　　案例分析：在刷单时，若涉及金额不多，骗子立马兑现答应受骗者的承诺，当受骗者投入大量的资金用于刷单时，就会将受骗者拉黑。骗子利用人们贪图小便宜的心理，一步步引诱受骗者上钩。

问题解析

1. 常见的诈骗形式有哪些？

（1）伪装身份，骗取钱财；投其所好，引诱上钩。

（2）利用关系，寻机骗钱；借贷为名，诈骗钱财。

（3）以次充好，恶意诈骗；手机诈骗，网络陷阱。

（4）骗取信任，寻机作案；故意制造事端，勒索钱财。

2. 防范诈骗的办法有哪些？

（1）保持健康心态，提高防范意识，学会自我保护。

（2）交友要谨慎，避免以感情代替理智；克服主观感觉，避免以貌取人。

（3）同学之间要相互沟通，相互帮助，发现可疑人员要及时报告。

案例回放

◎**案例：因游戏上瘾敲诈勒索同学**

某职业学校二年级学生刘某，男，17岁。2019年6月，在一次偶然的情况下进网吧玩了一会儿游戏，他觉得挺有意思，以后就经常到网吧玩，之后一直沉迷于玩网络游戏，但父母不给钱，怎么办呢？他想到了向同学下手敲诈钱。一天，他在该中学操场玩时，看见了同学李某，刘某就走上前要李某给他钱，并威胁李某说，你以前跟别人打过架，被打的人叫我来拿医药费，自己认识许多社会上的人，不给钱就叫人来打死你，李某很害怕，将自己身上仅有的 5 元给了刘某，以后刘某陆续向李某要了 5 次钱，共计 120 余元。其间，只要李某不肯给钱，刘某就用烟头烫他的手臂并多次踢、打他的身体，使李某身上多处受伤。当李某父亲发现李某身上有多处红肿时，李某才对父亲说明了事件的原委。李某父亲了解事情真相后，马上到公安机关报案，并配合公安人员将被告人刘某抓获归案，刘某在接受审判时说道："我以为只是拿同学的一点钱，不知道会有这么严重的后果。"

法院判决：最终，法院以敲诈勒索罪判处刘某有期徒刑 2 年 6 个月。

问题解析

1. 校园勒索案件有哪些特点？

常见的敲诈勒索方式主要有口头勒索、带条子威胁、第三者传话勒索威胁等。无论哪种勒索方式，共同点都是勒索者抓住了个别同学的某些把柄或弱点，据此威胁而达到索要钱财的目的。

2. 防范敲诈勒索的方法有哪些？

（1）受到勒索者的威胁恐吓，一不害怕、二不照做，应当敢于将遇到的事情报告给老师和相关部门。

（2）与敲诈勒索者巧妙周旋。一旦遇到威胁者，一定要沉着、冷静，巧妙周旋，果断寻找机会，充分利用身边的人、物寻求帮助，然后尽快报警。

（3）摒弃破财免灾的观念。应该相信正义的力量，依靠法律，勇敢地揭穿威胁者的真面目，将其绳之以法。

第 四 节　常用急救方法

案例回放

◎案例：掌握急救知识，关键时刻救人一命

2020 年 7 月 18 日，北京市中考的第二天下午 4 点左右，某考生家长正在考场门口等待孩子，忽然现场人群中有一阵骚动。考生家长过去时，一位中年男性已经倒在了台阶上，丧失生命体征，据家属描述患者心脏不好，该考生家长马上判断患者状态，并进行胸外按压做心肺复苏，正好现场另外一位家长也懂得急救知识，两人轮流按压并且为患者做了人工呼吸，几分钟后，患者的脸色从苍白转为红润，过了一会儿，考场的校医和 120 急救车到达现场再次接力抢救，并对施以援手的考生家长表示感谢。

知识百科

在意外伤害和猝死发生后的 60 分钟内，前 10 分钟起着决定性作用，在这 10 分钟时间里，以心肺复苏为主的紧急救治，常可挽救生命，因此这个时段又被称为"黄金 10 分钟"。以心脏骤停为例，1 分钟内实施胸外按压，抢救的成功率可达 90%；4 分钟内实施胸外按压，抢救成功率下降到 50%，超过 10 分钟再开始抢救，患者的死亡率几乎为 100%。因此，抢救开始得越早，成功率就越高。

1. 心肺复苏的操作流程

（1）先评估周围环境，做好自身保护，从患者脚的方向进入现场。

（2）判断患者反应（图 4-8）。

施救时，施救者两腿自然分开，与肩同宽，膝盖对腰，另一膝盖对肩，采用双腿跪式体位，离开患者一拳距离，轻轻拍患者双肩，大声地在患者双侧耳根部交替呼唤"你怎么啦，你怎么啦"，看患者面部或肢体是否有反应。

图 4-8　判断患者反应

（3）如果没有反应了，立刻启动急救反应系统。

紧急呼救，建议双手过头顶挥舞，大声呼喊："救命啊，有人晕倒了""请你（指定人）拨打120急救电话，把结果告知我；请这位朋友（指定人）看现场或附近，如有 AED 赶紧取来，现场有没有有懂得急救的一起来帮我"。

注意：拨打120时请注意说明时间、地址（详细地址、街道）、附近标志性建筑、联系电话，一定要等对方挂电话，确保拨打120的电话保持畅通。若在家里发生重疾，我们建议在与接线员汇报情况后，同时告知患者情况，根据接线员在电话中的指导施救。

（4）胸外按压、人工呼吸。

无呼吸或喘息样呼吸，立即开始心肺复苏。解开上衣，放松裤带，将一只手的掌根放在患者胸骨下半段，胸部正中央（也就是两乳头的连线中点，图4-9），双手掌根重叠，十指相扣，掌心翘起，手指离开胸壁，上半身前倾，双臂伸直，肩、肘关节、掌跟三点连成一线垂直向下用力、有节奏地按压（图4-10）。

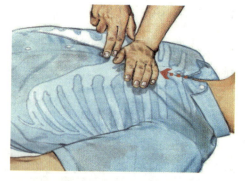

图 4-9　胸外按压位置

按压频率 100 ～ 120 次 / 分，按压 30 次后进行人工呼吸。心肺复苏操作胸外按压 30 次做 2 次人工呼吸：以按压与人工呼吸比例 30：2 循环操作，也可以不间断

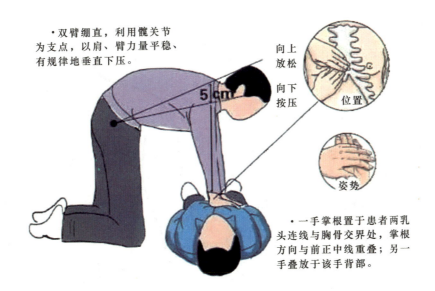

· 双臂绷直，利用髋关节为支点，以肩、臂力量平稳、有规律地垂直下压。

向上放松
向下按压

位置

姿势

· 一手掌根置于患者两乳头连线与胸骨交界处，掌根方向与前正中线重叠；另一手叠放于该手背部。

图 4-10　胸外按压示意

地只做胸外按压。胸外按压时注意观察患者（图 4-11），如发现颈动脉搏动恢复；自主呼吸恢复；眼球转动；面色、口唇、甲床、皮肤色泽转红；安置体位为侧卧位或头偏向一侧，完成操作整理用物。

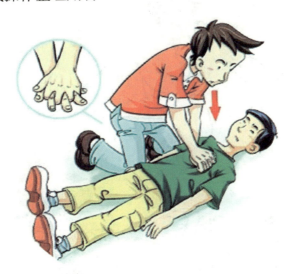

图 4-11　胸外按压时注意观察患者

2．AED 的操作流程

在使用 AED 前确保患者周围干燥、患者身上无导电物品并检查患者是否安装心脏支架，若有安装，不使用 AED；若没有安装，则使用 AED。

（1）一旦拿到 AED 放在患者头部旁，立刻开始准备自动体外除颤。

（2）开启 AED，打开盖子，依据视觉和声音的提示操作。

（3）给患者贴电极（图4-12）：两块电极板分别贴在右胸上部和左胸左乳头外侧，具体位置可以参考 AED 机壳上的图样和电极板上的图片说明。

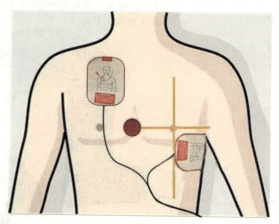

图4-12　给患者贴电极

（4）开始分析心率，在必要时除颤：按下"分析"键，AED 将会开始分析心率。在此过程中请不要接触患者（图4-13），以免对 AED 的分析产生干扰信号。分析结束后，AED 将会发出是否进行除颤的建议，当有除颤指征时，不要与患者接触，同时，告诉附近的其他任何人远离患者，由操作者按下"放电"键除颤。

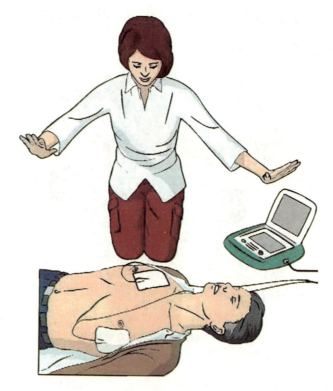

图4-13　AED 分析患者心率时，不要接触患者

（5）如果 AED 未建议除颤，应立即开始心肺复苏。2分钟后，AED 将重新分析患者的心率，并建议除颤或继续心肺复苏。持续心肺复苏流程，直至患者恢复或者专业医务人员到来。

问题解析

1. 能否在同学身上演示心肺复苏？

禁止在真人身上演示。

2. 如何熟练掌握心肺复苏技能和 AED 的使用？

通过"红十字会"机构的培训，获得"救护员证"。

案例回放

◎案例：幼童被食物堵住气道

2019 年 5 月 20 日，上海某郊区。中午妈妈给 1 岁的形形喂辅食，辅食中有胡萝卜粒、玉米粒等，形形胃口很好，吃得很开心，不时发出咯咯的笑声。突然，形形气道被食物堵住了，脸色发紫，她妈妈吓坏了，赶紧抱着奄奄一息的形形去了郊区医院看急诊。半个多小时后到了郊区医院急诊，小女孩已经没有了意识，心跳呼吸很微弱。医护人员紧急给小女孩施行心脏按压、心肺复苏、气管插管等对症治疗，但因缺氧时间太久，没得到任何改善，在医生的建议下小女孩转到上一级医院。

知识百科

1. 轻度患者排除异物的方法

咳嗽是最好的排除呼吸道异物阻塞的方法，适用于通气良好的患者。

2. 海姆立克急救法

海姆立克急救法是对患者冲击腹部及背部产生向上的压力，压迫两侧肺部，从而驱使肺部残留气体形成一股气流，长驱直入气管，将堵塞住气管、咽喉部的异物驱除。

其关键技巧（图4-14）是：拍打背部；双手握住在肚脐上方二指位置用力向上挤压。

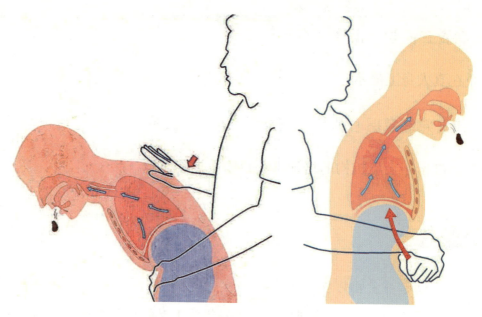

图4-14　海姆立克急救法关键技巧

3.1岁以下婴儿的气道异物梗阻处理方法

当婴儿气道严重阻塞时，应通过背部拍击和胸部冲击（不同于成人和儿童，对婴儿腹部进行冲击可能造成创伤）的方式清除阻塞物（图4-15），其方法步骤如下：

将婴儿面朝下放在成年人的前臂，用手托住婴儿的头部和下颌；

用另外一只手的掌跟，在婴儿的两侧肩胛骨之间进行最多5次背部拍击；如果阻塞物在背部拍击5次后仍未拍出，应让婴儿仰卧并支撑其头部，用另一只手的两根手指进行最多5次胸部冲击，冲击位置与成年人在心肺复苏期间实施胸外按压的位置相同。

图4-15　清除婴儿气道阻塞物

问题解析

老师，我平常吃鱼的时候被刺卡住时，奶奶就灌我喝醋，或者让我吞一口饭，这种方法可取吗？

坚决不可取！这位同学你想想看，如果喝醋就能溶解鱼刺那样的骨头，那还有人敢用醋当调料吗？吞饭就更不对了，会使鱼刺划伤食道，很有可能造成食道出血进医院，所以更不可取！

第五节 保险与理赔

案例回放

◎案例一：意外门诊

郭某某，于 2019 年 3 月 27 日不慎摔伤致半月板撕裂等就诊于某医院，并于 2019 年 4 月 11 日住院接受手术治疗。其共花费门诊费用 1 882.17 元，经核定扣除乙类自费费用 157.99 元，丙类自费费用 103 元，统筹报销 328.76 元。（住院费用不承担保险责任）

计算如下：

（1 882.17−157.99−103−328.76）×90%=1 163.18（元）

此次理赔款共计 1 163.18 元。

◎案例二：疾病住院

何某某，于 2019 年 12 月 2 日至 12 月 6 日因双侧腹股沟淋巴结肿大入住某医院，共花费 5 253.51 元，住院 4 天。需扣除乙类自费费用 157 元，丙类自费费用 276.15 元，统筹报销 2 865.27 元。

计算如下：

医疗费：5 253.51−157−276.15−2 865.27=1 955.09（元）

住院津贴：4×80 =320（元）

此次理赔款共计 1 995.09 ＋ 320 ＝ 2 315.09（元）。

◎案例三：意外住院

陆某某，于 2019 年 10 月 10 日在学校不慎摔伤左肩致锁骨骨折入住某医院，于 2019 年 10 月 15 日出院。共花费医疗费 15 330.74 元，住院 5 天。经核定，扣除自费费用 1 469.5 元，统筹未报销。

计算如下（统筹未报销按分级累计计算）：

医疗费：（15 330.74－1 469.5－10 000）×0.8 ＋ 3 500 ＋ 2 400 ＋ 250＝9 238.99（元）

住院津贴：5×80 ＝400（元）

此次理赔款共计 9 238.99 ＋ 400 ＝ 9 638.99（元）

知识百科

1. 学生保险分为哪两类？

学生保险分为城镇居民基本医疗保险和补充医疗保险（学平险）。

2. 城镇居民基本医疗保险的性质是什么？

城镇居民基本医疗保险是社会医疗保险的组成部分，采取以政府为主导，以居民个人（家庭）缴费为主，政府适度补助为辅的筹资方式，按照缴费标准和待遇水平相一致的原则，为城镇居民提供医疗需求的医疗保险制度。

3. 城镇居民基本医疗保险的优点有哪些？

（1）参保人患病特别是患大病时，可在一定程度上减轻经济负担。

（2）参保人身体健康时，缴交的保险费可以用来济助其他参保病人，从而体现出"一人有病万家帮"的互助共济精神。

（3）解除参保人的后顾之忧。为鼓励城镇居民参加保险，符合参保条件的城镇居民按其参保时间划分，设定不同的医疗待遇起付期，办法实施 6 个月内参保者，医疗待遇起付期为 3 个月，未成年居民医疗待遇无起付期；6 个月后参保者（含未成年居民，下同），医疗待遇起付期为 1 年；1 年后参保者，医疗待遇起付期延长至 2 年；低保居民医疗待遇无起付期。

4．城镇居民基本医疗保险待遇有哪些？

（1）城镇居民基本医疗保险基金主要用于支付参保居民的住院和门诊大病、门诊抢救医疗费，支付范围和标准按照城镇居民基本医疗保险药品目录、诊疗项目和医疗服务设施的范围和标准执行。

（2）起付标准（也就是通常所指的门槛费）与城镇职工基本医疗保险相同，即三级 980 元，二级 720 元，一级 540 元。

（3）就医管理：城镇居民基本医疗保险参保居民就医实行定点首诊和双向转诊制度，将社区卫生服务中心、专科医院、院店合作和二级及其以下医疗机构确定为首诊医疗机构，将部分三级综合与专科医疗机构确定为定点转诊医疗机构，参保居民就医时应首先在定点首诊医疗机构就诊，因病情确需转诊转院治疗的，由定点首诊医疗机构出具转院证明，方可转入定点转诊医院接受住院治疗，等病情相对稳定后，应转回定点首诊医院。（换句话说，就是一旦得病，必须在指定的社区服务中心医院或是指定的小医院看病，若这些小医院看不好，才能由它们出证明转到大医院看，等病情稍好，立马转回来住院。）

（4）支付比例：基金支付比例按不同级别医疗机构确定，一级、二级、三级医疗机构基金支付比例为 75%、60%、50%。城镇居民连续参保缴费满 2 年后，可分别提高到 80%、65%、55%。（换句话说，就是住越小的医院，医疗保险报销得越多。）

（5）基本保额：一个自然年度内，基本医疗保险统筹基金的最高支付限额为每人每年 1.6 万元。如果是慢性肾功能衰竭（门诊透析治疗）、恶性肿瘤（门诊放、化疗）、器官移植抗排异治疗、系统性红斑狼疮、再生障碍性贫血（简称"门诊大病"）患者，年统筹基金最高支付限额可提高到每人 2 万元。

5．城镇居民基本医疗保险缴纳标准是多少？

每人每年筹资标准是 100 元，个人缴纳医疗保险费 60 元，其余 40 元由政府补助。重度残疾、享受低保待遇和特殊困难家庭的学生，个人不缴费，医疗保险费全部由政府补助。

6. 城镇居民基本医疗保险报销比例是多少？

在一个结算年度内，发生符合报销范围的 18 万元以下医疗费用，三级医院起付标准为 500 元，报销比例为 55%；二级医院起付标准为 300 元，报销比例为 60%；一级医院不设起付标准，报销比例为 65%。

例如，一名学生生病了，如果在三级医院住院，发生符合规定的医疗费用 5 000 元，可以报销 2 475 元 [（5 000 元 –500 元）×55%]；如果在一级医院住院，医疗费用 5 000 元，可以报销 3 250 元（5 000 元 ×65%）。

7. 城镇居民基本医疗保险报销范围有哪些？

参保人员在定点医疗机构、定点零售药店发生的下列项目费用纳入城镇居民基本医疗保险基金报销范围：住院治疗的医疗费用；急诊留观并转入住院治疗前 7 日内的医疗费用；符合城镇居民门诊特殊病种规定的医疗费用；符合规定的其他费用。

8. 学生补充医疗保险（学平险）的性质是什么？

学生补充医疗保险是由专业保险公司提供的商业性医疗保险，作为学生医疗保险的补充性医疗保险，由学生自愿购买。

9. 学生补充医疗保险（学平险）的特点有哪些？

学生补充医疗保险以疾病治疗补偿为主，同时又兼顾学生意外伤害住院、意外门诊、意外身故、疾病身故的经济补偿，覆盖面广，保障性强，收费低，补偿及时，能够解决因疾病、意外伤害、住院给学生及其家庭带来的经济负担。

问题解析

1. 保险受理流程具体有哪些？

分别是报案、受理、立案、调查、审核和赔付等流程。

（1）报案。及时报案：出险第一时间报案。报案方式：上门报案、电话（客服）报案、业务员转达报案。报案内容：出险的时间、地点、原因；被保险人的现状；被保险人姓名、投保险种、保额、投保日期；联系电话、联系地址。

（2）案件的受理。申请保险金应将以下文件准备齐全：保险合同；保险金给付申请书（受益人需要在申请书上签名）；被保险人发生意外伤害事故的证明文件；被保险人的门急诊病历和住院证明（包括出院小结和所有费用单据）；被保险人、受益人身份证明和户籍证明。

（3）案件的立案条件。保险事故确已发生；事故者是保险单上的被保险人或投保人；在保险合同有效期内发生保险事故；理赔申请在《保险法》规定的时效之内。

（4）案件的调查。理赔调查是保险理赔作业中的一个组成部分，对于单证齐全、证明材料充分、保险责任明确的案件可以不调查；对于某些理赔案件来说，案件调查是必经的一个重要步骤。

（5）案件的审核。保单状况的审核：通过理赔计算机系统可以准确、及时地确认保单的有效性；被保险人和保障范围的审核：实行这一步骤是为了确定保险人的责任范围和保险公司应承担的责任，有利于保护公司免遭骗赔和错误理赔；索赔材料和事故性质的审核：对索赔材料有效性、合法性的认定有利于确定事故的性质和公司应承担的责任范围；确定损失并理算保险金：遵循保险条款，保护合同双方的利益；确定保险金给付受领人：医疗费用和残废保险金给付按保险条款规定应付给被保险人本人，公司不受理指定死亡保险金给付，必须根据保险合同约定法律规定支付给法定受益人。

（6）案件赔付。保险公司做出赔付决定后，通知受领人领取保险金，受益人收到保险金后，在保险金的收条回执上签名后回复给保险公司。

2．学生意外伤害保险索赔需准备的材料有哪些？

包括学生自己准备和学校提供的材料两方面。

（1）学生自己准备的材料。原始发票，如果在合作医疗报过账，就准备复印件；复印件要合作医疗管理办盖章，并有盖章的合作医疗报账单或卡；学生证和身份证的复印件（未满18岁的学生需要家长身份证、户口本的复印件）；疾病诊断证明书；要盖有医院收费章费用总清单的复印件（不是日用清单）；病历复印件；银行存折复印件，如是未成年人，应提供监护人身份及银行卡信息；填写保险申请单。

（2）学校准备的材料。学生管理部门的证明和学生当年保险的保单（复印件）。

（3）注意事项。保险公司理赔金直接打入申请人银行账号；医疗保险入保后发生疾病住院凭医保证报账，意外伤害保险没有等待期，疾病保险入保3个月后（各家保险公司等待期不同）发生才能理赔；意外是指非本意的、外来的、突发的危害事件；若由于见义勇为而受到的伤害，必须有公安部门出具的证明。

自然灾害应对　第五章

第一节 自然灾害简述

案例回放

◎案例：2015 年中国自然灾害统计分析

中华人民共和国民政部（以下简称"民政部"）于 2015 年 12 月 7 日发布 2015 年 11 月全国自然灾害基本情况。经核定，各类自然灾害共造成全国 247.3 万人次受灾，47 人死亡，4 人失踪；4 000 余间房屋倒塌；直接经济损失 48 亿元。据统计，低温冷冻和雪灾共造成全国 10 个省（自治区、直辖市）106 万人受灾，4 人死亡；农作物受灾面积 69 100 公顷，其中绝收 3 400 公顷；直接经济损失 30.8 亿元。

2016 年 1 月，民政部、国家减灾委员会办公室会同工业和信息化部等部门对 2015 年全国自然灾害情况进行了会商分析。经核定，2015 年各类自然灾害共造成全国 18 620.3 万人次受灾，819 人死亡，148 人失踪。

此外，644.4 万人次紧急转移安置，181.7 万人次需紧急生活救助；24.8 万间房屋倒塌，250.5 万间房屋不同程度损坏；农作物受灾面积 21 769 800 公顷，其中绝收 2 232 700 公顷；直接经济损失 2 704.1 亿元。

案例分析：我国常见的自然灾害种类繁多，是世界上自然灾害种类最多的国家。我国自然灾害的损失和影响非常大，给人民生命安全和财产带来严重威胁。自然灾害的防治和应对能力还需不断加强。因此，应该：

（1）坚持开展防灾减灾教育活动，提高应对自然灾害的安全防范意识。

（2）坚持人与自然环境和谐发展。

（3）运用现代化科技手段加强对自然灾害的防控监测工作。

1. 什么是自然灾害？

所谓自然灾害，是指自然现象对人和动植物以及生存环境造成的一定规模的祸害。如旱、涝、虫、雹、地震、海啸、火山爆发、瘟疫等。

2. 我国常见的自然灾害有哪些？

我国的自然灾害主要有气象灾害、地震灾害、地质灾害、海洋灾害、生物灾害和森林草原火灾。我国幅员辽阔，地理气候条件复杂，自然灾害种类多且发生频繁，除现代火山活动导致的灾害外，几乎所有的自然灾害，如水灾、旱灾、地震、台风、风雹、雪灾、山体滑坡、泥石流、病虫害、森林火灾等，每年都有发生。

3. 我国的自然灾害总体情况如何？

我国是世界上自然灾害最严重的少数国家之一。我国的自然灾害种类多，发生频率高，灾情严重。我国自然灾害的形成深受自然环境与人类活动的影响，有明显的南北不同和东西分异。广大的东部季风区是自然灾害频发、灾情比较严重的地区，华北、西南和东南沿海是自然灾害多发区。

我国是世界上自然灾害损失最严重的少数国家之一。随着国民经济持续高速发展、生产规模扩大和社会财富的积累，灾害损失有日益加重的趋势。灾害已成为制约我国国民经济持续稳定发展的主要因素之一。

4. 自然灾害有哪些特征？

在我国，自然灾害表现出种类多、区域性特征明显、季节性和阶段性特征突出、灾害共生性和伴生性显著等特征。具体来看主要有以下特征：

（1）分布地域广。中国各省（自治区、直辖市）均受到自然灾害不同程度的影响，70%以上的城市、50%以上的人口分布在气象、地震、地质、海洋等自然灾害严重的地区。2/3以上的国土面积受到洪涝灾害威胁。东部、南部沿海地区以及部分内陆省份经常遭受热带气旋侵袭。东北、西北、华北等地区旱灾频发，西南、华南等地的严重干旱时有发生。各省（自治区、直辖市）均发生过5级以上的破坏性地震。约占国土面积 69% 的山地、高原区域因地质构造复杂，滑坡、泥石流、山体崩塌等地质灾害频繁发生。

（2）发生频率高。中国受季风气候影响十分强烈，气象灾害频繁，局地性或区域性干旱灾害几乎每年都会出现，东部沿海地区平均每年约有 7 个热带气旋登陆。中国位于欧亚、太平洋及印度洋三大板块交汇地带，新构造运动活跃，地震活动十分频繁，大陆地震占全球陆地破坏性地震的 1/3，是世界上大陆地震最多的国家。森林和草原火灾也时有发生。

（3）人财损失严重。例如，据民政部统计，仅 2009 年，全国各类自然灾害共造成 4.8 亿人（次）受灾，因灾死亡和失踪 1 528 人，紧急转移安置 709 万人，倒塌房屋 83 万间，农作物受灾 70 815 万亩[①]，绝收 7 635 万亩，因灾直接经济损失 2 523 亿元。

5. 根据自然灾害的形成过程，自然灾害主要有哪几类？

自然灾害的过程往往是很复杂的，有时候一种自然灾害可由几种灾害引起，或者一种灾害会同时引起好几种不同的自然灾害。这时，自然灾害类型的确定就要根据起主导作用的灾害和其主要表现形式而定。

自然灾害形成的过程有长有短，有缓有急。有些自然灾害，当致灾因素的变化超过一定强度时，就会在几天、几小时甚至几分钟、几秒钟内表现出灾害行为，如火山爆发、地震、洪水、飓风、风暴潮、冰雹、雪灾、暴雨等，这类灾害称为"突发性自然灾害"。旱灾、农作物和森林的病、虫、草害等，虽然一般要在几个月的时间内成灾，但灾害的形成和结束仍然比较快速、明显，所以也把它们列入突发性自然灾害。另外，还有一些自然灾害是在致灾因素长期发展的情况下，逐渐显现成灾的，如土地沙漠化、水土流失、环境恶化等，这类自然灾害通常要几年或更长时间的发展，称为"缓发性自然灾害"。

6. 为了更好地应对自然灾害，我国先后颁布了哪些法律法规？

自 20 世纪 80 年代始，我国就已经开始了自然灾害的立法应对，现有的专门应对自然灾害的各类法律有《中华人民共和国森林法》《中华人民共和国防震减灾法》等 20 多部法律法规。

---

① 1 亩≈666.67 平方米。

第二节　地震的避险与自救

◎案例：地震致多人伤亡

2008年5月12日，四川省汉旺镇一所综合性学校在汶川地震（图5-1）中伤亡惨重。学校的两幢教学楼，其中一幢教学楼供一到四年级以及六年级的学生上课使用，另一幢教学楼供幼儿园和五年级的学生上课使用。地震发生后，前一幢教学楼全部坍塌，后一幢教学楼损毁严重。幸存的老师回忆说："地震发生时，刚刚打完上课预备铃。学生们立刻跑出教室，很多学生跑到教学楼中的楼梯时，楼就坍塌了。还有很多年龄大些的孩子跳楼逃生，造成了死亡。"截至2008年5月14日下午4时，废墟里只救出了5名幸存学生。

图5-1　地震

案例分析：地震发生，学校建筑不合格以及学生缺乏应对地震的基本能力是造成伤亡惨重的主要原因。一方面，学校没有对学校建筑物进行必要的抗震安全设防，造成一幢教学楼坍塌，另一幢教学楼损毁严重。另一方面，学校缺乏安全教育，学生安全意识淡薄，当地震发生时，很多学生没有基本的防震知识，盲目逃生，造成了不必要的伤亡。因此：

（1）学校应该加强责任心，树立安全意识，积极开展地震安全性评价，对学校建筑抗震设防，把地震的灾害性降到最低。

（2）学校应该定期对学生进行防震应急知识教育，组织开展地震应急演练，让学生熟练掌握逃生技能和流程，培养学生安全自救互救的能力。

知识百科

1．什么是地震？

地震是地壳层能量突然释放引起地球表面的震动。强度较高的地震会在短时间内给人类带来巨大的灾难，甚至是毁灭性的破坏。

2．当地震发生时，我们应该如何应对？

（1）当发生地震时，最重要的是要有清醒的头脑、镇静自若的态度。只有镇静，才有可能运用平时学到的地震知识判断地震的大小和远近。近地震常以上下颠簸开始，之后才左右摇摆；远地震却少有上下颠簸的感觉，而以左右摇摆为主，而且声脆，震动小。一般小震和远震不必外逃。

（2）当发生地震时，要听从现场工作人员的指挥，不要慌乱，不要拥向出口，要避免拥挤，避开人流，避免被挤到墙壁或栅栏处。

（3）地震被埋后，首先，不要紧张，不要大声哭喊，要保存体力，尽量闭目养神；其次，积极呼救，听到人声时用石块敲击铁管、墙壁发出呼救信号；最后，相信救援人员，按照救援人员的要求行动。

3．当地震发生时，如果我们刚好身处教室或宿舍，应该如何自救？

（1）要保持镇静，切莫惊慌失措。根据学校应急疏散方案迅速有序地撤离到安全地带，避免相向乱跑及拥挤，最后撤离人员应关好电闸、水阀。

（2）已经脱险的师生震后不要急于返回室内，以防余震。

（3）在地震发生过程中，应迅速抓住垫子之类的物品保护头部，选择躲在床下、讲台下、课桌下，闭上眼睛并用毛巾或衣物捂住口鼻（图5-2），隔挡灰尘；

地震结束后，快速离开（图 5-3）。

图 5-2　地震发生时躲在课桌下，捂住口鼻

图 5-3　地震结束后，快速离开

（4）要远离阳台、树木、电线杆；不要使用电梯（图 5-4）；不能跳楼。

图 5-4　地震发生时远离阳台等地，并不要使用电梯

4．当地震发生时，如果我们刚好身处室外，应该如何进行自救？

（1）在市区时，迅速跑到空旷地带蹲下，用手护住头部（图 5-5），并尽量避开高大建筑物、立交桥，远离高压电线。

（2）在野外时，应尽量避开山脚、陡崖（图 5-6），以防地震引起山体滑坡。

（3）在海边时，应迅速远离海边，以防地震引起海啸。

（4）驾车行驶时，应迅速离开高大建筑物、立交桥、陡崖、电线杆等，选择空旷处停车。

5．当地震发生时，一旦身体受到地震伤害，我们应该如何进行自救？

（1）应设法清除压在身上的物体，尽可能用湿毛巾等捂住口鼻防尘、防烟。

（2）用硬物敲击物体向外界传递本人受伤地点，不要大声呼救，以保存体力。

图5-5 地震时身处室外要蹲下并护住头部

图5-6 地震时身处野外应避开山脚、陡崖

（3）设法用砖石等支撑上方不稳的重物，保护自己的生存空间。

6.当地震发生后，师生在参加搜救过程中应该采取哪些措施？

（1）应循着呼救、呻吟和敲击器物的声音判定被困人员的准确位置。

（2）施救时不可使用铁锹、锄头、十字镐等利器挖掘，以免使被困人员受伤。

（3）找到被困人员时，要及时清除其口、鼻内的尘土，使其呼吸畅通。

（4）发现被困人员但解救困难时，先输送新鲜空气、水和食物，再请专业救援人员来施救。

第三节　水灾的避险与自救

案例回放

◎案例：因暴雨而遭受重大损失

2005 年 6 月 10 日 12 时 50 分，黑龙江省宁安市沙兰镇沙兰河上游局部地区突降 200 年一遇的特大暴雨，降雨持续了 2 小时 10 分钟。这次暴雨降水强度大、历时短、雨量集中、成灾迅速，平均降雨量 123.2 毫米，可能最大降水点的雨量达 200 毫米，引发特大山洪，坡面受到强烈冲刷，大量水土流失。当日下午 2 时许，沙兰河河水淹没沙兰镇中心小学，校内最高水深达 2.2 米，当时有 352 名学生和 31 名老师正在上课，他们全部被困水中，最后造成了 117 人死亡的重大损失（其中学生 105 人）。该小学老师沙某在洪水突然袭来的紧急时刻，沉着冷静地组织学生从地面转移到课桌上，又从课桌上转移到窗台，表现出极强的自救和组织自救能力，该班绝大多数学生保住了生命。

案例分析：这次山洪暴发来势凶猛，难以抵挡，属于自然灾害，有不可预见性。灾情发生后，该小学老师沙某沉着冷静，及时转移学生，尽到了一名老师应尽的管理和保护职责。但是该事件反映了学校建设及管理中存在的问题：一方面，该小学与中学均处于镇里的低洼地带，学校因筹集资金困难，学校地处镇中心，一直没有迁出低洼地。另一方面，学校制定的防山洪预案缺乏科学性和可操作性，没有建立人员疏散的方案，未明确监测洪水负责人、报告人，致使防汛责任没有落到实处，导致师生自救能力较弱，难以应付突发性险情。据此，学校应注意以下几点：

（1）地势低洼区域易受山洪的危害，因此学校在选址时应避免低洼地带，有效规避自然灾害。

（2）提高突发洪涝灾害的风险意识。

（3）做好安全教育和定期演练。学校制定的应急预案应有操作性，校领导和各教师应分工明确，保障职责落到实处。

知识百科

1. 什么是水灾？

水灾一般是指因久雨、山洪暴发或河水泛滥等原因造成的灾害。海底地震、飓风和反常的大浪大潮以及堤坝坍塌等往往是造成水灾的原因。

2. 面对水灾的发生，我们应该采取哪些预防性的措施？

（1）快速了解自己所处的位置及最高警戒水位，以便在发布水灾警告之后准确地做出反应。

（2）发生水灾时，用布袋、塑料袋装满沙子、泥土或碎石（图5-7），放在门槛外侧，堵住大门下面所有空隙，然后尽量准备应急的食物、保暖的衣服和可饮用的水；另准备手电、蜡烛、火柴、哨子、镜子和色彩鲜艳的衣服，以便用作求救时的信号；如果建筑物已经进水并且无法阻止，应该迅速转移到上一层房间；如果是平房则应转移到屋顶（图5-8），只有在大水可能冲垮建筑物或水面没过屋顶的时候，再选撤离，否则原地不动，等待救援。

图 5-7　防汛物资

图 5-8　遇水灾时在高处等待救援

（3）要远离输电线路（图5-9），避免触电，也不要使用已被水弄湿的电器。

（4）水灾极有可能污染水源，因此准备一些瓶装水以应对水污染（图5-10）。

（5）水灾过后注意防疫防病。水灾过后，要积极对周围环境进行消毒（图5-11），避免病毒流行扩散。

图 5-9　遇水灾时远离输电线路

图 5-10　遇水灾时准备瓶装水应对水污染

图 5-11　水灾后积极对环境消毒

3. 当水灾发生后，我们应该采取哪些应对措施？

（1）受到洪水威胁，应按照预定路线，有组织地向山坡、高地等处转移。

129

（2）立刻发出求救信号，以争取被营救的时间。

（3）要关闭燃气网和电源总开关，以免引起火灾或漏电伤人。

（4）受到洪水包围时，要尽可能利用船只、木排、门板、木床等，进行水上转移（图5-12）。

（5）身处危险地带，应尽快离开现场，迅速转移到高坡地或高层建筑物的楼顶上（图5-13）。

图5-12　水灾发生后及时转移

图5-13　身处危险地带及时转移至楼顶

（6）如果来不及转移，要立即爬上车顶（图5-14）、屋顶、楼房高层、大树、高墙，进行临时避险，然后等待救援。

图5-14　来不及转移时爬上车顶

（7）熟悉水性的人应该想方设法把年老体弱和不会游泳的人救到高处避难（图5-15）。

图 5-15　水性好的人帮助年老体弱者转移

（8）不要独自游水转移。

（9）如果水面上涨，被困在坚固的建筑物里，应在原地等待救援。

（10）发现高压线铁塔倾倒、电线低垂或折断，要远离避险，不要触摸或接近高压线铁塔倾倒、低垂或折断的电线，防止触电（图 5-16）。

图 5-16　遇水灾时远离电线

（11）在山区，如果连降大雨，最容易发生山洪。遇到这种情况，应注意避免渡河，以防止被山洪冲走。

（12）除了要注意洪水造成的伤害外，还要注意防止山体滑坡、滚石、泥石流的伤害（图 5-17）。

图 5-17　遇水灾时防止泥石流的伤害

（13）洪水过后，要做好卫生防疫工作（图 5-18），避免发生传染病。

图 5-18　洪水过后做好卫生防疫工作

第四节　雷电、台风的避险与自救

案例回放

◎案例：5 名学生遭遇雷击

2012 年 6 月 15 日 7 时 10 分，辽宁省大连市长海县大长山岛镇雷雨交加。四块石小学操场上，5 名四年级学生突然遭遇雷击，其中 2 名倒地昏迷，身上的衣服冒起青烟，多处灼伤，另 3 名学生受轻伤。事发后，学校老师迅速将 5 名学生送到医院进行检查和抢救。该校副校长表示，雨伞或是学生遭遇雷击的元凶。

案例分析：首先，该小学操场位置不合理。一旦发生雷击，在空旷学校操场、运动场等场所撑铁质的雨伞很容易成为引雷导体，使撑伞学生遭遇雷击。

其次，学校缺乏应急预案和防雷安全教育。学校防雷安全装置有防雷区域限制，操场大部分不在防雷区域内，学校对于防雷区域外的操场路段缺乏雷电灾害应急预案。雷电天气不能打铁柄伞是防雷的常识，可见学校缺乏相关的安全教育。

（1）学校要做好防雷安全装置的安装和检测工作。

（2）重视防雷安全教育工作。雷电天气不能打铁柄伞，这是防雷的常识。因此，学校要大力加强防雷安全教育，加强师生的防雷意识。

（3）制定雷电灾害应急预案。一要做好雷电天气的预警工作；二要做好雷电天气现场的人员监督工作，尽量避免人员在雷电期间外出，做好安全防范工作。

知识百科

1. 什么是雷雨？

雷雨是指空气在极端不稳定状况下所产生的剧烈天气现象。它常挟带强风、暴雨、闪电、雷击，甚至伴随有冰雹或龙卷风出现。

2. 在室内时遇到雷电天气，我们应该如何应对？

（1）雷电天气时应关闭门窗，防止雷电侵入（图 5-19）。

（2）切断一切电源，拔掉电源插头（图 5-20）。

（3）远离煤气管道（图 5-21）、自来水管道等金属类管道。

图 5-19　雷电天气时关闭门窗

图 5-20　雷电天气拔掉电源插头

图 5-21　雷电天气远离煤气管道

（4）不要站在阳台、平台和楼顶上（图 5-22）。

图 5-22　雷电天气不要站在楼顶上

3．在户外时遇到雷电天气，我们应该怎样做？

（1）远离建筑物外的水管、煤气管等金属物体及电力设备（图 5-23）。

图 5-23　雷电天气远离电力设备

（2）不要打伞行走（图5-24），不要将手中物体举过头。

图5-24　雷电天气不要打伞行走

（3）不要在雷雨中打球、踢球、骑车（图5-25）或狂奔。

图5-25　不要在雷雨天气骑车

（4）不要在大树下避雨（图5-26），安静等待雨停。

图5-26　雷雨天气不要在大树下避雨

4. 当遇到雷电天气时，我们应该如何躲避雷击？

（1）双手抱头并蹲下，尽量低头，注意，不要用双手碰触地面（图 5-27）。

图 5-27 躲避雷击姿势

（2）若来不及离开高大建筑，应马上用干燥的绝缘体置于地上，不要放在绝缘物体以外。

（3）不要手拉手一起走，躲避时人与人之间应有一定的距离，以避免导电。

（4）看到高压线遭雷击断裂后，双脚并拢跳着逃离现场。

5. 当发生雷击事件时，我们应该如何对遭雷击者进行急救？

（1）出现雷电伤人事件后，应当马上拨打 120 急救电话求助。

（2）对于轻伤者，应立即转移到附近避雨避雷处休息；对于重伤者，要立即就地进行抢救，迅速使伤者仰卧，并不断地做人工呼吸和心肺复苏，直至呼吸、心跳恢复正常。由于雷击，伤者往往会出现失去知觉和发生假死现象，这时千万不要以为已停止呼吸和心跳就是无救了，在完全证实伤者已经死亡之前，不应停止人工呼吸和心肺复苏，直至医生赶到现场。

（3）如果伤者衣服着火，应让伤者躺下，以免烧灼面部，并马上采取泼水或用被、毯、衣物等灭火措施。若能及时、正确、有效地抢救被雷击伤者，部分伤者的生命是很有可能被挽救回来的。

6. 什么是台风？

台风（图 5-28）是指形成于热带或副热带 26 摄氏度以上广阔海面上的热带

气旋。北太平洋西部（赤道以北，国际日期变更线以西，东经 100 度以东）地区通常称其为台风，而北大西洋及东太平洋地区则普遍称之为飓风。每年的夏秋季节，我国毗邻的西北太平洋上会生成不少名为台风的猛烈风暴，有的消散于海上，有的则登上陆地，带来狂风暴雨，是自然灾害的一种。

图 5-28　台风

7. 当台风登陆过境时，我们应该采取哪些措施应对？

（1）注意收听收看有关天气预报，做好预防准备工作。

（2）教室等校园主要建筑物需要加固的部位及时加固，关好门窗；取下悬挂的物品。

（3）准备好食品、饮用水、照明灯具、收音机、雨具及常用药品（图 5-29），以备使用。

准备好食品、饮用水、常用药品等

图 5-29　遇台风天气提前准备生活必需品

（4）及时疏通校园泄水、排水设施，保持排水通畅（图 5-30）。

（5）台风到来时，要尽可能待在室内，减少外出。不要去台风经过的地区旅游，更不要在台风期间到海滩游泳或驾船出海。

（6）遇有大风雷电时，要谨慎使用电器，严防触电（图5-31）。

（7）密切注意校园周围环境，在出现洪水泛滥、山体滑坡等危急情况时，及时组织转移（图5-32）。

图5-30　遇台风天气及时疏通排水设施

图5-31　遇大风雷电及时关闭电视

图5-32　遇山体滑坡等危急情况时及时转移

（8）断落电线，不可用手触摸（图5-33），应及时通知学校后勤部门检修。

图 5-33　不要用手触摸电线

（9）遇到危险时，请拨打 110 等电话求救。

（10）台风过后，要注意校园卫生防疫，减少疾病的传播。

第五节　极端天气的预防与应对

案例回放

◎案例：**2008 年中国雪灾多人受灾**

2008 年 1 月 10 日起在中国发生了大范围低温、雨雪、冰冻等自然灾害（2008 年中国雪灾，图 5-34）。中国的上海、浙江、江苏、安徽、江西、河南、湖北、湖南、广东、广西、重庆、四川、贵州、云南、陕西、甘肃、青海、宁夏、新疆等 20 个省（区、市）均不同程度受到低温、雨雪、冰冻灾害影响。截至 2008 年 2 月 24 日，因灾死亡 129 人，失踪 4 人，紧急转移安置 166 万人；农作物受灾面积 1.78 亿亩，成灾 8 764 万亩，绝收 2 536 万亩；倒塌房屋 48.5 万间，损坏房屋 168.6 万间；因灾直接经济损失 1 516.5 亿元人民币。森林受损面积近 2.79 亿亩，3 万只国家重点保护野生动物在雪灾中冻死或冻伤；受灾人口超过 1 亿。其中湖南、湖北、贵州、广西、江西、安徽、四川 7 个省份受灾最为严重。

图 5-34　雪灾

案例分析：寒潮是一种大型天气过程，会造成沿途大范围的剧烈降温、大风和风雪天气，由寒潮引发的大风、霜冻、雪灾、雨凇等灾害对农业、交通、电力、航海，以及人们的健康都有很大的影响。寒潮和强冷空气通常带来的大风、降温天气，是中国冬半年主要的灾害性天气。寒潮大风对沿海地区威胁很大。因此：

（1）我们在思想上要高度重视，及时做好各项防御工作。利用新闻媒体、电子商务、手机短信等，迅速将天气变化过程及其有关消息和防御措施向社会发布，以便广大群众和有关单位及时开展防御工作。

（2）我们要积极行动，采取措施。要迅速行动，明确责任，落实任务，对大风可能影响的建筑、户外广告、电力设施、危房等重点部位，认真排查，对可能出现的问题要提早预防，采取强有力的措施，确保生命财产安全。

（3）我们要及时做好预警预报。根据寒潮预警信号，采取有效措施积极防控。

知识百科

1. 什么是极端天气气候事件？

极端天气（图 5-35）气候事件是指一定地区在一定时间内出现的历史上罕见的气象事件，其发生概率通常低于 5%。

2. 极端天气气候事件可以分为哪几类？

极端天气气候事件总体可以分为极端高温、极端低温、极端干旱、极端降水

图 5-35 极端天气

等几类。一般特点是发生概率小、社会影响大。

3．什么叫作高温天气？

高温，词义为较高的温度。在中国气象学上，日最高气温达到 35 摄氏度以上，就算高温天气，连续数天（3 天以上）的高温天气过程称为高温热浪，也称为高温酷暑（图 5-36）。

图 5-36 高温酷暑

4．高温天气来袭时，我们应该采取哪些应急防护措施？

（1）应避免在午后高温时段户外活动，尽量留在教室，外出时要采取防晒措施。

（2）暂停集体户外活动或室内大型集会（图 5-37）。

（3）选择适合校园降温的方法，比如向地面洒水等。

（4）浑身大汗时，不宜立即用冷水洗澡；应先擦干汗水，稍作休息再用温水洗澡（图 5-38）。

图 5-37　遇高温天气暂停集体活动

图 5-38　浑身大汗时应先擦干汗水再用温水洗澡

（5）注意作息时间，保证充足的睡眠。

（6）不要过度饮用任何冷饮或含有酒精的饮料，多饮凉白开（图 5-39）、冷盐水、白菊花水、绿豆汤等。

5. 面对高温天气，我们应该如何急救？

图 5-39　遇高温天气应多饮凉白开

高温期间不要到拥挤的地方。酷暑期间，不要等口渴了才喝水，要根据气温的高低，每天喝 1.5 ～ 2 升水。出汗较多时可适当补充盐水。夏天的时令蔬菜、新鲜水果都可以用来补充水分。另外，乳制品既能补水，又能满足身体的营养之需。

6．什么是冰雹？

冰雹灾害（图 5-40）是由强对流天气系统引起的一种剧烈的气象灾害，冰雹出现时，常伴有暴雨、雷电、狂风、强降水、急剧降温等，是大气中一种短时、小范围、剧烈的灾害性天气现象。它出现的范围虽然较小，时间也比较短促，但来势猛、强度大。

图 5-40　冰雹灾害

7．当冰雹来袭时，我们应该采取哪些防范措施？

（1）在多雹季节，注意收听有关降雹的预报（若冰雹直径可能超过 1 厘米时，气象部门将发布冰雹警报）。

（2）要注意添加衣物，注意保暖。

（3）关好门窗，妥善安置易受冰雹、大风影响的室外物品。

（4）暂停户外活动，勿随意出行。

（5）下冰雹时，应在室内躲避；如在室外，应用雨具或其他代用品（鞋子）保护头部（图 5-41），并尽快转移到室内，避免被砸伤。

8．什么是寒潮？

寒潮是冬季的一种灾害性天气，群众习惯把寒潮称为寒流。所谓寒潮，是指来自高纬度地区的寒冷空气，在特定的天气形势下迅速加强并向中低纬度地区侵入，造成沿途地区大范围剧烈降温、大风和雨雪天气。这种冷空气南侵达到一定标准的就称为寒潮（图 5-42）。

图 5-41　下冰雹时注意保护头部

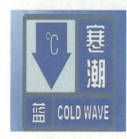

图 5-42　寒潮

9. 寒潮天气有哪些危害？

寒潮是一种大型天气过程，会造成沿途大范围的剧烈降温、大风和风雪天气，由寒潮引发的大风、霜冻、雪灾、雨凇等灾害对农业、交通、电力、航海，以及人们的健康都有很大的影响。寒潮和强冷空气带来的大风和降温天气，通常是中国冬半年主要的灾害性天气。寒潮大风对沿海地区威胁很大。

10. 当寒潮天气来袭时，我们应该如何应对和做好防范？

（1）准备防水外套、手套、帽子、围巾等（图 5-43）。

图 5-43　防寒物品

（2）检查暖气设备（图5-44）等以确保其可以正常使用；节约能源、资源，室温不要过高。

图 5-44　检查暖气设备

（3）注意汽车、自行车、电瓶车的行车安全（图5-45）。

（4）注意收听天气预报及紧急状况警报。

（5）多穿几层轻、宽、舒适并暖和的衣服，尽量留在室内，不要外出。

（6）注意饮食规律，多喝水，少喝含咖啡因或酒精的饮料。

（7）避免过度劳累。

（8）使用暖水袋或暖宝宝取暖（图5-46），但小心被灼伤。

图 5-45　注意行车安全

图 5-46　使用暖宝宝取暖

（9）警惕冻伤信号（图 5-47）：手指、脚趾、耳垂及鼻头失去知觉或出现苍白色。如出现类似症状，立即采取急救措施或马上就医。

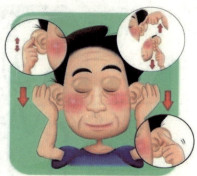

图 5-47　警惕冻伤信号

法律法规

第六章

第一节 违法行为

案例回放

◎案例：因抢座致人受伤

一天，王某乘坐公交车时，见残疾人李某正欲坐到老弱病残人员专座上，便抢在他前面入座，李某出言指责。王某恼羞成怒，口出秽语，用脚踢了李某用以支撑身体的拐杖，致使李某站立不稳摔倒在车厢内。李某拨打110报警。

案例分析：《治安管理处罚法》第四十三条第一款规定："殴打他人的，或者故意伤害他人身体的，处5日以上10日以下拘留，并处200元以上500元以下罚款；情节较轻的，处5日以下拘留或者500元以下罚款。"同时，《治安管理处罚法》第四十三条第二款第二项规定：有殴打、伤害残疾人、孕妇、不满14周岁的人或者60周岁以上的人，处10日以上15日以下拘留，并处500元以上1000元以下罚款。本案例中，违法嫌疑人王某主观上为故意、客观上实施了伤害他人身体的行为，虽然没有造成李某受伤的严重后果，依法仍给予王某拘留10日罚款500元的处罚。

知识百科

1. 什么是违法行为？

违法行为就是指违反国家现行法律，给社会造成某种危害的、有过错的行为。违法行为按照情节严重程度分为一般违法行为和严重违法行为（即犯罪行为）。

2. 我国法律对犯罪的年龄是如何界定的？

《中华人民共和国民法》规定年满18周岁的成年人，要对自己的所有行为负相应的责任，8至18周岁为限制民事行为人，对一部分的行为负相应的责任，不能承担的那部分由他的法定代理人（一般是父母）代为承担；《中华人民共和国刑法》

规定已满 16 周岁的人犯罪，应当负刑事责任，已满 14 周岁不满 16 周岁的人，犯故意杀人、故意伤害致人重伤或者死亡、强奸、抢劫、贩卖毒品、放火、爆炸、投毒罪的，应当负刑事责任，已满 14 周岁不满 18 周岁的人犯罪，应当从轻或者减轻处罚。因不满 16 周岁不予刑事处罚的，责令他的家长或者监护人加以管教；在必要的时候，也可以由政府收容教养。

问题解析

1．国家的法律法规这么多，我又没学过，不是说"不知者不罪"吗？

不是这样的，这是对刑法理论的错误认识。在现代社会，人人都有学习法律的义务，不能因为不知道某种行为是犯罪而免责，"不知者不罪"是不能成立的，除非是在处于非常特殊的情形下做出该行为，在这种情形下，不存在"期待可能性"，即不能期待行为人知道该行为是触犯刑法的。

2．我是学生，在学校里违法不算违法，是这样吗？

不是这样的，只要违反了法律，无论你是什么身份的人，无论你在什么地方，都要承担相应的法律责任。但是违反的法律不一样，所要承担的责任也不一样。我国法律规定未成年人的学生违法可以从轻处罚，但不是不处罚。

3．我年龄还小，可以对违法行为不负责吗？

不可以，对于未成年人而言，中国法律采取的措施一般是教育为主，但并不是说你就可以因为法律的宽容而为所欲为，逍遥法外，如果屡次犯法，即使是未成年人，考虑到你的主观心态以及以后的心态形成与发展问题，还是会对你进行收容教养的。

4．有时会看到一些人有违法行为，通过朋友说情他们是不是就可以不受处罚了？

有句俗话说得好"天子犯法与庶民同罪"。违法后，不管是谁都要受到法律的制裁，所以朋友说情是没有用的。虽然法律在量刑的时候，会考虑到违法犯罪的情节（从重、从轻），但都是在法律允许的范畴之中。总的来说，法律是最公正的，无情可言；尽管如此，法律在其允许的范围内，也会考虑情之因素的，比如，一个饱受摧残的妇女在忍无可忍之下杀了施虐者和一个无业游民好吃懒做之徒杀了人，最后的刑罚是有所不同的。

5. 作为青少年学生，我们应该注意和规避哪些不良行为？

《预防未成年人犯罪法》中提出了预防未成年人犯罪的九种不良行为（"潜在的犯罪"），只要有了这几种不良行为，就很容易滑向犯罪的边缘，这九种不良行为分别是：

（1）旷课、夜不归宿（图 6-1）。

图 6-1　旷课、夜不归宿

（2）携带管制刀具（图 6-2）。

图 6-2　携带管制刀具

（3）打架斗殴、辱骂他人（图 6-3）。

图 6-3　打架斗殴、辱骂他人

（4）强行向他人索要财物。

（5）偷窃、故意毁坏财物（图 6-4）。

图 6-4　偷窃、故意毁坏财物

（6）参与赌博或者变相赌博。

（7）观看、收听色情、淫秽的音像制品、读物等。

（8）进入法律法规规定未成年人不适宜进入的营业性歌舞厅等场所（图 6-5）。

图 6-5　进入歌舞厅等场所

（9）其他严重违背社会公德的不良行为（图6-6）。

图6-6 其他违背社会公德的不良行为

第二节 常见青少年犯罪

案例回放

◎**案例：因小事争吵致人失明**

张某，男，17岁，宁波市区某校高一学生。2002年3月12日下午，张某与同学李某为生活小事发生争吵，张某对准李某右眼猛击一拳，致使李某眼睛失明。最后法院判处张某有期徒刑5年，并赔偿医疗费、残疾赔偿金8万元。张某不明白为什么判了刑还要赔偿那么多钱？

案例分析：首先，法院认定本案被告人张某构成故意伤害罪。

所谓故意伤害罪，是指故意非法损害他人身体健康的行为。它的重要特征是：客观上非法损害了他人的身体健康，通常表现为破坏人体组织的完整性（如肢体残疾、容貌损毁）和破坏人体器官的正常机能（如使人失去听觉、视觉、内脏破裂、功能失常）。行为人主观上是故意的。《中华人民共和国刑法》第二百三十四条规定："故意伤害他人身体的，处3年以下有期徒刑、拘役或者管制；致人重伤的，处3年以上10年以下有期徒刑；致使人死亡或者特别残忍手段致人重伤造成严重残疾的，处10年以上有期徒刑、无期徒刑或者死刑。"

追究了刑事责任后，民事赔偿责任可以免除吗？《中华人民共和国刑事诉讼法》规定，如果被告人造成被害人人身或财产损害不予赔偿，被害人可以附带提起民事诉讼，要求被告人赔偿。即被告人承担刑事责任后，对被害人造成人身或者财产损害的，还要承担民事赔偿责任。所以张某既要判刑，又要赔偿损失。因此：

（1）青少年学生，必须加强法治安全意识，要知法懂法守法，争做守法的好公民。

（2）青少年学生，在处理学生之间的矛盾时，要及时告诉学校老师，切忌不能冲动，更不能动手伤害对方。时刻牢记"冲动是魔鬼！"否则，像张某这样，既不能上学，又要受到法律的严惩，还要承担高额的赔偿。

知识百科

1. 什么是犯罪行为？

犯罪行为是指对社会有危害性，触犯《中华人民共和国刑法》，应受刑罚处罚的行为。犯罪必须具备三个特征，即社会危害性、刑事违法性、刑罚当罚性。

2. 青少年犯罪如何承担刑事责任？

《中华人民共和国刑法》对于未成年人刑事责任承担问题主要是在刑事责任年龄上进行区分规定。

（1）已满14周岁不满16周岁的人，只有实施了故意杀人、故意伤害致人重伤或者死亡、强奸、抢劫、贩卖毒品、放火、爆炸、投毒这八种严重行为，才构成犯罪，需要承担刑事责任。

（2）已满16周岁的未成年人实施了法律规定的犯罪行为，都构成犯罪，需要承担刑事责任。

3. 青少年常见犯罪有哪些类型？

青少年犯罪特征是同青少年的生理、心理特征相联系的，受年龄、阅历等影响，青少年犯罪呈现出犯罪动机简单、行为盲目性大、纠合性强、野蛮性、报复性、模仿性等特点。故青少年常见犯罪主要集中在以下几种类型：

（1）暴力型犯罪。

青少年朝气蓬勃，但有些人也血气方刚，特别是表现在聚众斗殴和寻衅滋事犯罪中。

①聚众斗殴罪，就是出于争霸一方、报复他人等目的，纠集多人斗殴破坏公共秩序的行为。《中华人民共和国刑法》第二百九十二条规定：聚众斗殴的，对首要分子和其他积极参加的，处3年以下有期徒刑、拘役或者管制；有下列情形之一的，对首要分子和其他积极参加的，处3年以上10年以下有期徒刑：多次聚众斗殴的；聚众斗殴人数多，规模大，社会影响恶劣的；在公共场所或者交通要道聚众斗殴，造成社会秩序严重混乱的；持械聚众斗殴的。聚众斗殴，致人重伤、死亡的，依照本法第二百三十四条、第二百三十二条的规定定罪处罚。

案例：小孔、小建与小鲁、小刘等人在北京某中学上学期间（已满16周岁），因琐事发生纠纷。小孔向大东和小张提议购买刀具报复小鲁等人，三人购买刀具6把。买完刀后小孔分别给小鲁和小刘打电话约架。后小孔和大东伙同小张和小孙持刀与小建纠集的30余人持棍、棒等共同来到某立交桥下，在桥两侧分头等待小鲁等人前来斗殴。当小鲁、小刘纠集多人持棍、棒等物到达时，双方持械斗殴。其间多人受伤，轻重程度不等。

小孔、大东在公共场所纠集多人持械斗殴，二人的行为均已构成聚众斗殴罪，小孔与大东最终以聚众斗殴罪分别被判处刑事处罚。

②寻衅滋事罪，是指肆意挑衅，随意殴打、骚扰他人或任意损毁、占用公私财物，或者在公共场所起哄闹事，严重破坏社会秩序的行为。《中华人民共和国刑法》第二百九十三条规定：有下列寻衅滋事行为之一，破坏社会秩序的，处5年以下有期徒刑、拘役或者管制：随意殴打他人，情节恶劣的；追逐、拦截、辱骂、恐吓他人，情节恶劣的；强拿硬要或者任意损毁、占用公私财物，情节严重的；在公共场所起哄闹事，造成公共场所秩序严重混乱的。纠集他人多次实施，严重破坏社会秩序的，处5年以上10年以下有期徒刑，可以并处罚金。

案例：小贝（已满16周岁的高中生）因为交女朋友的事与小万产生矛盾，欲报复小万，遂找到平时交情好的"小哥们"小牟、小苏、小超等人称要教训小万一顿。小苏等人平时在学校号称"好汉帮"，听到小贝的提议后，当即表示要和小贝一起去，顺便从小万身上要点儿钱。当天四人把小万叫出学校，带到一个楼下，小贝和小万说了几句话就用拳击打小万脸部，后因有人经过，四人将小万带到一个小花园里，小万求四人别再打他，小苏提出小万交出一百元就不再打他，小万说没有钱，小苏等便又对小万头部和身上一顿拳打脚踢，造成小万受伤。

法院经过审理认为，小苏、小超、小牟、小贝等结伙滋事，随意殴打他人并强索他人财物，情节恶劣，其行为均已构成寻衅滋事罪，依法应予惩处。根据法律规定，对该四人依法分别判处不同刑罚。

（2）侵财型犯罪。面对花花绿绿的世界，一些青少年禁不住诱惑，在自己没有独立经济来源的情况下，会采取犯罪手段获取财物以得到满足，最为常见的就是盗窃。

①盗窃罪，就是偷东西。特别要注意的是，如果是多次盗窃、跑到他人家里盗窃、在公共汽车上或大街上扒窃的，即使数额较小的也构成犯罪。根据《中华人民共和国刑法》第二百六十四条：盗窃公私财物，数额较大的，或者多次盗窃、入室盗窃（图6-7）、携带凶器盗窃、扒窃的，处3年以下有期徒刑、拘役或者管制，并处或者单处罚金；数额巨大或者有其他严重情节的，处3年以上10年以下有期徒刑，并处罚金；数额特别巨大或者有其他特别严重情节的，处10年以上有期徒刑或者无期徒刑，并处罚金或者没收财产。

图6-7　入室盗窃

案例：小文、小宫两人都是高中生（已满16周岁），也是一个班的同学，都喜欢养宠物，尤其是外形独特、数量稀少的宠物，可以向同学炫耀，但两人都没有钱去宠物店购买。后两人经预谋，决定到宠物店偷宠物。半夜，两人携带工具以撬锁方式进入被害人经营的宠物店，盗窃了美洲鬣蜥3只、古巴变色树蜥2只、西非巨蜥1只，经鉴定，这几只宠物价值25 000余元。

法院经过审理认为，小文、小宫以非法占有为目的，秘密窃取他人财物且数额巨大的行为，侵犯了他人所有的财产权利，均已构成盗窃罪，且系共同犯罪，依法应予惩处。根据二人的具体量刑情节，法院依法对该二人判处了刑罚。

②抢劫罪，就是通过暴力、胁迫或者其他方式抢东西（图6-8）。抢劫罪的起刑点就是3年有期徒刑。根据《中华人民共和国刑法》第二百六十七条，以暴力、胁迫或者其他方法抢劫公私财物的，处3年以上10年以下有期徒刑，并处罚金；有下列情形之一的，处10年以上有期徒刑、无期徒刑或者死刑，并处罚金或者没收财产：入户；公共交通工具上；抢银行等金融机构；多次或数额巨大；抢劫致人重伤、死亡的；冒充军警人员抢劫；持枪抢劫的；抢劫军用物资或抢险、救灾、救济物资的。

图6-8 抢劫

（3）毒品犯罪。青少年有很强的好奇心，一些人在不良人员的影响下，怀着尝试心理去吸食毒品，而毒品一旦沾上很难戒除。目前，青少年已经成为涉毒案件主力，由于吸毒成本高昂，一些人还"以贩养吸"，因此，常见的毒品犯罪是运送毒品和贩卖毒品。

①运输毒品罪，是指明知是毒品而故意实施运输的行为。运输毒品是指采用携带、邮寄、利用他人或者使用交通工具等方法在我国领域内将毒品从此地转移到彼地。

②贩卖毒品罪，简称贩毒，指出售毒品或者以贩卖为目的收买毒品行为。根据《中华人民共和国刑法》规定，贩卖毒品，无论数量多少，都应当追究刑事责任。而且，《中华人民共和国刑法》对贩毒的处罚规定是很严厉的，贩卖冰毒（学

名甲基苯丙胺）10克就要判刑7年，如果是50克以上则要判刑15年以上，直到死刑。对于向未成年人出售毒品的，从重处罚。另外，即使没有贩毒，只要非法持有毒品也构成犯罪。所以，毒品千万不能碰。

案例：2018年6月22日，被告人李某某（1994年8月出生）为获得非法报酬1 700元，在刘某某（另案处理）的安排下偷渡至缅甸，以人体藏毒的方式将海洛因从境外运输至境内。2018年6月28日，李某某在刘某某的指示下，将先行排出体外的部分海洛因放置在平阳县鳌江镇柳浪街一处空调外机下方。2018年7月24日，李某某在苍南县龙港镇西一街某网咖内被民警抓获。随后，民警在李某某的带领下查获剩余的25颗海洛因（质量123.42克，检出海洛因成分）。

最终，温州市中级人民法院二审判决：李某某犯运输毒品罪，判处有期徒刑11年，剥夺政治权利2年，并处罚金44 000元。李某某违法所得1 700元，予以没收，上缴国库。

（4）性犯罪。由于生理、心理都处于逐渐成熟期，青少年一旦把持不住自己，守不住法律与道德的底线，也会成为各种性犯罪的主体。常见的为强奸罪。

强奸罪，是指以暴力胁迫等手段违背妇女意愿强行与之发生性关系的行为。强奸罪的判刑也是比较重的，处3年以上10年以下有期徒刑。如果强奸不满14周岁的幼女，还要从重处罚。

案例：16岁的小钟是北京某中学学生，他以虚假身份信息在社交网站上注册，与未成年女性交往，多次以言语威胁的方式强行与多名未成年女性发生性关系并拍摄裸照，还以将裸照发至互联网上为要挟多次侵害被害人。

小钟无视国法，以胁迫手段强行与多名未成年女性多次发生性行为，侵犯了妇女的人身权利，其行为已构成强奸罪，应予惩处。小钟被以强奸罪追究刑事责任。

（5）网络犯罪。

①不合理利用信息网络，可能导致诽谤、寻衅滋事、敲诈勒索、非法经营等犯罪。

比如，捏造损害他人名誉的事实，在信息网络上散布，将该诽谤信息转发次数达到500次以上的，就构成诽谤罪。

②利用信息网络辱骂、恐吓他人，情节恶劣，破坏社会秩序的，构成寻衅滋

事罪。

③以在信息网络上发布、删除等方式处理网络信息为由，威胁、要挟他人，索取公私财物，数额较大，或者多次，构成敲诈勒索罪。

④在某些微信公众号、抢红包群赌博，构成开设赌场罪或赌博罪。

（6）违反治安管理条例。

违反治安管理行为是指各种扰乱社会秩序，妨害公共安全，侵犯人身权利、财产权利，妨害社会管理，尚不构成犯罪的行为。

案例：吴某是一名16岁的高中生，由于不喜欢学习，一直和社会上的小混混玩在一起。某次，小混混让吴某去打群架，吴某兴冲冲地参加了。十几个青年人在一处废弃的工厂打斗，直到警察来把人全带走才结束，在打斗中几乎人人都受伤了。

根据《中华人民共和国治安管理处罚法》第二十六条第一项规定：有下列行为之一的，处5日以上10日以下拘留，可以并处500元以下罚款；情节较重的，处10日以上15日以下拘留，可以并处1 000元以下罚款：结伙斗殴的……。吴某参与打群架的行为虽然并未构成犯罪，但是明显已经触犯了《中华人民共和国治安管理处罚法》，其行为仍会受到治安管理处罚。

问题解析

1. 同学间产生矛盾，可以叫外人来解决吗？

不能，同学间产生矛盾，要通过学校老师来解决，决不能叫校外朋友或亲属来解决，更不能相互约人到校外去"谈判"解决，那样只会使矛盾升级和激化，同时，如果在校外打架，将会触犯法律，会受到法律的处罚。

2. 如果有好友叫我到校外帮助解决同学间的矛盾，我能去吗？

坚决不能去，因为你去了并不能解决矛盾，反而会因年轻气盛，而使双方矛盾升级和激化，甚至会触犯法律，使自己卷进寻衅滋事或聚众斗殴的事件中。这样，不但没有帮助同学，反而害了同学，使小矛盾变成了大矛盾。

3．我与同学关系很好，能未经同学的同意拿他的东西吗？

同学间应相互尊重，和谐相处，同学的私人物品，无论价值大小，未经同学的同意不能拿，高价值的东西（如手机等）更不要乱拿，不然会构成盗窃罪。

4．有人请我吃一些从没吃过的东西，我能试试吗？

不能，不能要别人的东西，也不能随便吃别人给的东西。一些不法分子会将一些毒品或迷幻药做成诱人的食品，危害青少年，因此，我们要养成良好的生活习惯，不乱吃别人给的东西，只要是从没吃过的东西，即使是好友给的也坚决不要。

5．在上网时，经常会看到一些"好玩"的网站，甚至还可以赚钱，我能进去试试吗？

不行，我们在上网时，要相信一句话"天上是不会掉馅饼的"，尤其是在网络上，试想一下，有这么好的赚钱机会，他们自己为什么不去呢？现在网络上有各种诱人的诱饵，但其目的只有一个，就是引诱你上钩。

第三节 青少年犯罪的预防

案例回放

◎案例：家长的偏见毁掉孩子的一生！

电视剧《拯救少年犯》是 2002 年开机拍摄的中国第一部少年犯罪题材电视剧。剧中小女孩的妈妈总以为自己的丈夫有外遇，因过度焦虑而变得郁郁寡欢，整天在小女孩面前说她不想活了，小女孩也因此变得很敏感。终于有一天，小女孩的妈妈把电线缠在自己的身上，刚好丈夫下班，他将电线接上电打算看电视，殊不知电线的另一端缠绕的是自己的妻子，妻子当场被电击身亡。

小女孩的妈妈死后，小女孩就送到了姥姥家里。由于姥姥一直对小女孩的爸爸心存偏见，再加上痛失爱女，不了解具体情况。姥姥总是在小女孩面前说："你妈妈就是被你爸爸杀死的，你长大了要给你妈妈报仇，你现在的不幸都是你爸爸造成的。"渐渐地，小女孩对爸爸产生了恨意。小女孩就在这样的环境中慢慢地长大了，她心中对爸爸的怨恨越积越多，为妈妈报仇的想法越来越强烈。在一个雷电交加的晚上，小女孩外出很长时间未归。小女孩的爸爸出去找她，想把小女孩带回家，这时小女孩哭着对爸爸说道："你为什么要杀了妈妈，我恨你，我要为妈妈报仇。"小女孩不听爸爸的解释，拿出刀子捅向了自己的爸爸，爸爸当场死亡。看着爸爸倒地身亡，小女孩后悔莫及。

小女孩本来可以拥有一个美好的未来，却因为姥姥对爸爸的偏见，对爸爸产生了恨意，小女孩的一生也因此被毁掉了。

案例分析：《拯救少年犯》通过典型案例，揭示了造成少年犯罪的社会原因及少年犯的家庭背景，给全社会敲响了如何教育未成年人的警钟。该剧为了追求真实性，导演张蒲安及总策划鲍国安、编剧王真曾多次去少管所体验生活，而一次次的体验都使他们感到震惊。在最终挑选出的十个典型案例中，每个受害者都是作案的少年犯最亲近的人，其中有蓄意谋杀也有误杀，这些少年犯下了他们本不该犯的重罪。

这部电视剧贴近日常生活和家庭教育实际，再现了数位少年走上犯罪道路的事实。这部电视剧播出后，在社会各界引起了较大反响，不少家长改变了自己对子女教育的方式。教育好孩子不仅是每个家长的心愿，更是事关中华民族兴衰成败的一件大事。请不要让大人之间的恩怨影响孩子，请给孩子一个有爱且公平的生活环境。

知识百科

1. 作为青少年学生，我们应该如何加强自我管理？

青少年首先要树立自尊、自律、自强的人生态度，加强自我防范和社会保护。通过自我管理远离犯罪道路。良好的自我管理需要做到以下几点：

（1）培养自身遵守法律、法规及社会公共道德规范的观念。

（2）提高自身素质，增强抵御犯罪感染的能力。

（3）树立正确的三观以及自尊、自律、自强的意识。

（4）增强辨别是非和自我保护的能力。

（5）自觉抵制各种不良行为及违法犯罪行为的引诱和侵害。

（6）树立用法律维护自身合法权益的意识。

2．青少年违法犯罪应如何预防？

青少年犯罪是社会问题，其产生的原因是多方面的，可以说是一种社会"综合症"。我们更应依靠全社会的力量，进行综合治理。预防青少年犯罪，应主要从以下几个方面进行：

（1）学习法律知识，严格约束自己。

（2）慎重交友，拒绝不良交往，自觉抵制各种不良诱惑。

（3）重视上网安全，绿色上网，文明上网。

（4）必须克服自身的不良行为。

（5）提高自身素质，增强抵御犯罪感染的能力，应该是预防青少年犯罪的根本性措施。青少年应树立正确的世界观、人生观，以及自尊、自律、自强的意识，增强辨别是非和自我保护的能力。

3．青少年遇到不法侵害时怎么办？

青少年除自身做好预防犯罪外，在遭到违法犯罪行为侵害的时候，要记住以下几点：

（1）遇事不慌，沉着应对，先设法摆脱犯罪行为人的控制，然后向周围的大人呼救或拨打 110 报警。

（2）及时向学校、家庭或者其他监护人报告，由家长、老师或学校出面制止不法侵害，也可以向公安机关报告。

（3）一定要有自我保护意识，不要惹祸上身。

参 考 文 献

［1］高山．校园安全事件风险分析［M］．1版．北京：中国社会科学出版社，2019．

［2］大学生食堂消费调查报告［EB/OL］．（2017-07-30）［2021-08-01］．https://wenku.baidu.com/view/23912a34591b6bd97f192279168884868762b8e8.html.

［3］民政部．11月全国各类自然灾害致247万人次受灾［EB/OL］．（2015-12-07）［2021-08-01］．https://www.sohu.com/a/46872758_115402.

［4］中广网．四川绵竹汉旺镇武都小学老师讲述悲惨一刻［EB/OL］.（2008-05-16）［2021-08-01］.http://edu.cnr.cn/jryw/200805/t20080516_504790432.html.

［5］新浪网．近年来，在我国发生的十起重大［EB/OL］．（2021-07-23）［2021-08-01］．http://k.sina.com.cn/article_7546168552_1c1c964e800100w2m4.html?sudaref=www.baidu.com&display=0&retcode=0.